人生就是一张 **A4** 纸

余生很贵,请别浪费

马 超 著

浙江人民出版社

图书在版编目（CIP）数据

人生就是一张 A4 纸：余生很贵，请别浪费 / 马超著
. —杭州：浙江人民出版社，2023.3（2023.6 重印）
ISBN 978-7-213-10819-8

Ⅰ.①人… Ⅱ.①马… Ⅲ.①人生哲学－通俗读
物 Ⅳ.① B821-49

中国版本图书馆 CIP 数据核字（2022）第 200780 号

人生就是一张 A4 纸：余生很贵，请别浪费
马 超 著

出版发行：浙江人民出版社（杭州市体育场路 347 号 邮编 310006）
　　　　　市场部电话：（0571）85061682　85176516
责任编辑：尚　婧
营销编辑：陈雯怡　赵　娜　陈芊如
责任校对：姚建国
插　　画：阿卜酱
责任印务：幸天骄
封面设计：李　璐
电脑制版：北京弘文励志文化传播有限公司
印　　刷：杭州宏雅印刷有限公司
开　　本：880 毫米 ×1230 毫米　1/32　印　张：8
字　　数：178 千字　　　　　　　　插　页：2
版　　次：2023 年 3 月第 1 版　　　印　次：2023 年 6 月第 2 次印刷
书　　号：ISBN 978-7-213-10819-8
定　　价：58.00 元

如发现印装质量问题，影响阅读，请与市场部联系调换。

序

A4纸的人生：有限时间与无限可能

一张 A4 纸，900 个空格。曾经有这样一个视频，以这样的方式告诉我们：人这一生，涂涂抹抹的，刨去休息、吃饭、娱乐的时间后，只留下一个惊人的事实——属于我们并且能自由支配的时间并不多。时间过得很快，转眼间，一年又一年从指间溜走，毫无痕迹。

然而时间又过得很慢，毕竟一年有 365 天，每天都有新的可能。在这本书中，你能看到很多例子，他们中很多人并没有拿到一手好牌，没有高人一等的家庭，没有分外显赫的背景，但是他们在自己擅长的领域里做到了最好。他们合理地利用时间，过上了想要的生活，在一定程度上改变了自己的命运。

时间最大的魅力在于：它既有限又无限，趁你不注意，它便会流逝，但它又像一张 A4 白纸，在画家手中能绽放花朵，在音乐家笔下能跳出音符……而在你的手中可能就是你为明天甚至以后制订的计划，等着你去一一实现。你予时间以珍惜，时间予你以回报。

财富是时间的重要馈赠。作者马超曾多次撰写关于财富的书籍，她对于财富概念有着自己独特的见解。在本书中，她将财富和时间联系在一起，一方面道出财富积累的秘密，另一方面指出转变思维的秘诀。在某个瞬间，我们都曾想象过一夜暴富、一劳永逸，但那样的生活终归遥远，靠自己的辛勤劳动和聪明才智积累财富，我们才富得有底气。

我们常说"理财、理财，你不理财，财不理你"。在理财中，最容易被忽视的就是对时间的把控，人们有时会偶尔放纵自己，无意中流失了财富。善于把握时间，可以让我们在无形中形成自律。多买紧要的，远离无用的，合理控制自己的欲望，才能攒下第一桶金。

颇为亮眼的是，马超在文中提到了转变思维的重要意义。她强调，这是一个过程。单纯的财富积累很重要，而拥有财富转变思维更重要。这些思维，能在不知不觉中改变你的人生。

人生就是一张 A4 纸，既然我们无法放慢时间的步伐，那就跟上它。

书评人、阅读推广人　林亦霖

自序

900个格子是我们全部的人生

英国著名文学家阿道司·赫胥黎说："时间最不偏私，给任何人都是 24 小时；时间也最偏私，给任何人都不是 24 小时。"

由于工作原因，近些年来我采访过许多人。在这些访谈对象中，既有从事留学教育行业的企业家，也有某一领域的知识大咖，更多的则是平凡如你我的普通人。

曾经，我以为那些企业家、行业大咖以及其他各路知名人士与我等普通人在智力、才能等方面存在极大的差异。但是，我与他们深入谈话之后才发现，他们唯一的不普通之处在于他们大多是时间管理的高手。他们总是能在较短的时间内完成较多的工作，或者在一定时间内高效率地完成重要工作。

总之，那些真正厉害的人物，或许智力平平，可他们绝对是一流的时间管理大师。反观身边的人以及我们自己，原本就忍受着生活的磋磨，还要被那些优秀的人碾压。难道真的是我们能力不如别人吗？须知，能力的修炼也需要时间。我们怎样度过时间，时间就会给我们怎样的结果，这很公平，不是吗？

记得在读高中的时候，青涩的少男少女们总喜欢深沉地唱着迪克牛仔的歌："有多少爱可以重来，有多少人愿意等待？当懂得珍惜以后回来，却不知那份爱，会不会还在？"待这些昔日青涩的少年人，成为工作缠身的中年人，大家再相聚时无不苦笑：或许，错过的爱情会回来，可逝去的时间必然是一去不复返了。

或许你会说："我在好好利用时间啊，我每天都很忙。"

可是，乔布斯有一句话，说得也有道理："如果你很忙，除了你真的很重要以外，更可能的原因是，你很弱。"

"忙人"很多，但整日忙碌的人不一定能够获得理想的工作成果。要么是工作真的难搞，不论给了谁都难以搞定；要么是我们没有利用好时间，不懂得进行规划。如果你对于时间没有一个清醒而正确的认知，那么你对人生也不容易有一个清晰而合理的规划。如果我们的一生按 75 岁计算，那不过短短的 900 个月。如果画一个 30×30 的表格，一张 A4 纸就够了。当我们展开这张 A4 纸时，我们便可以对自己的人生有一个直观的认识：900 个格子便是我们全部的人生。想到这里，你慌不慌？人生，从来就没有"后来"，而我们的此生，更是时光匆匆，时不我待。

在著名行为分析学家孟华琳的《终极突破》一书中，有一个故事曾深深触动我：

深夜，一个危重病人迎来他生命中的最后一分钟，死神如期来到了他的身边。此前，死神的形象在他脑海中闪现过几次。

他对死神说："再给我一分钟好吗？"

死神回答："你要一分钟干吗？"

他说:"我想利用这一分钟看一看天,看一看地。我想利用这一分钟想一想我的朋友和亲人。如果运气好的话,我还可以看到一朵绽开的花。"

死神说:"你的想法不错。但是,很抱歉,我不能答应你。我们留了足够的时间让你去欣赏,你却没有珍惜。你看一下这份账单:在过去60年的生命中,你有1/3的时间在睡觉;剩下的40多年里你经常拖延时间。你感叹时间太慢的次数达到了1万次。上学时,你拖延作业;成年后,你抽烟、喝酒、看电视,虚掷光阴。你做事拖延的时间共耗去了36480个小时,折合1520天。做事马虎,事情不断重做,浪费了300多天。你工作时间和同事聊天,把工作丢到了一旁,毫无顾忌;你经常埋怨、责怪别人,找借口、找理由、推卸责任;你还常常和无聊的人煲电话粥;还有……"

说到这里,这个危重病人就断了气。死神叹了口气说:"如果你活着的时候能节约一分钟的话,你就能听完我给你记下的账单了。哎,真可惜,世人怎么都是这样,还等不到我动手,就后悔死了。"

看到此处,我震撼不已:我自己不就是个做事拖延,又缺少时间观念的人吗?可能大家并不知道,曾经的我对于时间没有丝毫认知,与人相约谈事,迟到时也往往以"北京本来就交通拥堵,迟到几分钟也不怨我"来给自己开脱。可是,就在某一天,我看着眼前堆积如山的工作时,忽而就有一种想哭的冲动:如果自己之前就珍惜时间,合理利用时间,那么就不至于要在短短几天内处理一堆工作了。于是,我想到了那个与死神讨价还价的拖延者,心中生出一股力量——要做一个惜时守时之人。

　　还好，近些年来，自己已经改掉了拖延的毛病，做事也很有效率。想来，这都得益于孟华琳书中的这个故事吧。

　　也有一些人说，拖延症不可怕，没有时间观念也不可怕，因为临近工作的截止时间时，自己才会被激发出强大的工作潜能。这其实是个伪命题，很可能我们最终赶着完成的工作，并不会得到理想的结果，甚至还要从头再来。如果真是这样，岂不是更严重地浪费了时间吗？所以，不如就从当下开始，认识时间、管理人生，改掉拖沓的毛病。毕竟，人生就是一张 A4 纸！

目录

生活篇

001

063

爱 情 篇

职场篇

113

理 财 篇
183

后 记

生活篇

　　在这个世界上，有太多东西是无法用金钱交换的，比如真挚的爱情、可贵的友情，但我觉得，真正应该排在第一位的，是转瞬即逝的时间。时间不会停留，但是，我们可以让它适当地延长。

请给人生涂上色彩

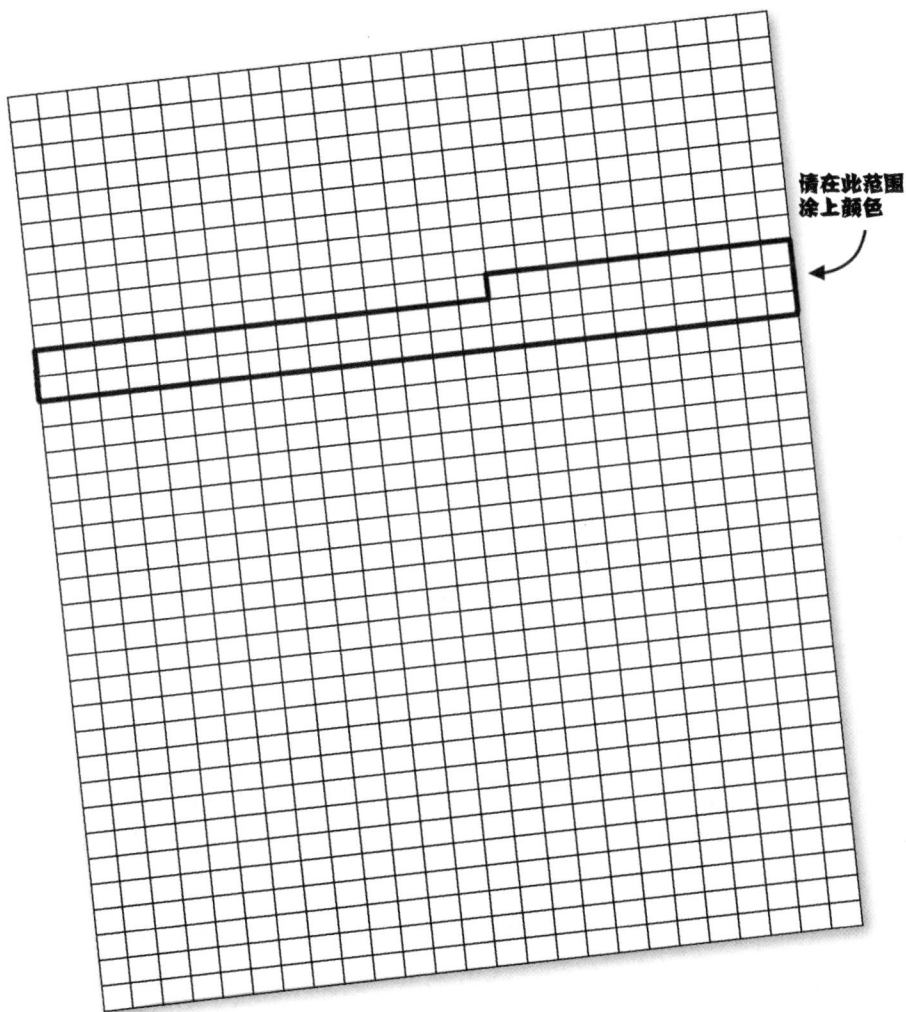

請在此範圍
塗上顏色

你所谓的漫长人生，不过一张 A4 纸的容量

不知你是否还记得中央电视台播放的那个视频？

按照 75 年的平均寿命来计算，那么我们这看似漫长的一生也只有不到 3 万天，900 个月。如果在一张 A4 纸上画一个 30×30 的表格，每一个格子，代表一个月，那么，我们的一生便浓缩在了这张 A4 纸上。

我们总以为未来的时间还很富余，殊不知，这 A4 纸上的 900 个格子就已经量化了我们的人生。那每一个小格子不声不响，却以一种分外尖刻的声音提醒我们：喂，你所剩的时光不多了！

所谓的漫长人生，不过一张 A4 纸的容量。看到这里，你心头慌不慌？

如果你打算继续过一种不慌不忙的人生，从从容容地走过四季轮转，那么就不要在浪费了大把时间之后，因为一事无成而怨天尤人。

如果你打算时刻提醒自己，余下的时光所剩不多，理应让自己活得更出色，那么就该从当下开始制订计划，而不是把事情拖到明天。你只有做到了珍惜时光，才能心安理得地享受时光的馈赠。

说到珍惜时光、提高效率，那就不得不提到两项能力：规划力和执行力。

正如日本明治大学教授、教育专家斋藤孝所说："但凡过得像样的人生，皆是因为有所规划。"既然我们的人生如此短暂，那么我们又有什么理由不规划一下呢？这让我想到了一位在教育领域深耕十多年的专家，童年时父亲病逝，因而家庭比较穷苦。她买不起课外书，在读书期间便只能向同学和老师借书。而且，她平时除了忙于功课，回到家后还要做一些家务劳动，减轻母亲的压力。

她原本以为，要保持学习成绩稳居前列，必得悬梁刺股、挑灯夜读。可是据她妈妈所说，从不见女儿深夜时分还埋首读书。这就奇怪了，她是如何做到边学习边劳动，还涉猎了大量课外图书，获取了更多知识的呢？

多年之后，已成为教育专家的她在一次线下教育研讨会上，向在场的人们道出自己求学时代的成功秘诀。这个秘诀用三个字就可以概括：规划力。

每天，她都会根据学习要求和学习进度，对自己的时间进行一番规划，厘清哪门功课的哪些部分还有疏漏，哪个知识点还没有掌握。即便是看课外书，她也并非纯粹为了消遣，而是作为课堂知识的补充。因此，她在选择课外书时，总会征求老师的建议，并且根据自己的学习进度来选择。在开始一天的学习前，她脑中已有了清晰的规划：先做什么，再做什么，最后做什么。这样一来，事半功倍。

这种超强的规划能力，被她运用到了后来的人生中。从大学到职场，她一直很优秀，而且她的这份优秀似乎来得轻而易举，毫不费力。目前她在多个教育平台传授学习方法，帮助无数人从枯燥无效的学习中解脱出来。

实际上，这就是人具备规划力的最大优势。规划力强的人，对于时间都有着相同的认知：一天只有 24 小时，怎么做才能用最少的时间，达到最好的效果，这便是他们规划的目标。

规划力强的人，似乎活在那 900 个小格子之外，他们总有用不完的时间。但他们之所以能够做到活在时间之外，那是因为他们早已把时间牢牢地把握在手中。

说起"执行力"这个词，想来大家不会陌生。这是一种完成目标的能力。而我们平时所说的"执行能力强"则指的是，面对目标具有强烈的完成意愿以及极强的办事能力。

我所认识的执行力很强的人，是一位在留学教育机构担任总裁的女士，名叫朴泰仙。她的执行力有多强呢？我可以给大家说两件她当年创业的事情，大家来感受一下她的执行力。

20 世纪 90 年代初期，中国的旅游业开始快速发展。那时的朴泰仙正在一家国有单位工作。她看到了旅游业的蓬勃前景，并且自己手中也有一定的资源。于是，她果断辞职创业，放下了当时人人羡慕的"金饭碗"。那时的旅行社大多是国有的，个人没有资格在国内开办旅行社。因此，朴泰仙前往韩国，在那里成立了一家旅行社，由此开始了第一次创业。主动放弃稳定的工作，转而下海经商，开办自己的旅行社，这种毅然决然的勇气以及超强的执行力，并不多见。

在近 10 年之后，朴泰仙的旅行社已经做得风生水起。可是她在对留学教育行业进行了一番考察后发现，留学教育行业比旅游行业有更大的发展空间。

于是，1997 年的某一天，朴泰仙在伦敦飞往北京的飞机上，做出了一个大胆的决定：放下旅行社，踏入留学教育行业。等飞机在北京首都国际机场停稳后，朴泰仙便立即着手在北京找创业所需的场地。她的行动可谓相当神速，超强执行力的背后绝非莽撞行事，而是经过了审慎的思考后才做出的选择。

懂得规划的人，虽然与我们活在同一个社会，却比我们获取了更多的时间，或者说在同样多的时间里拥有了更为丰富的人生。执行力强的人具有强烈的责任心和主观能动性，做事从不拖泥带水，一旦考虑妥当之后就立即付诸行动。铺展在他们面前的并不是一眼望不到边的人生，而是逝去就难再回的当下。

但凡事业有成之人，都明白这样的道理：人生看似漫长，实际上可以利用的时间极为有限。正是在这种紧迫感的推动下，他们让自己活在了时间之外，那 A4 纸上的 900 个格子也不会束缚他们的人生。

而反观那些浑浑噩噩的人，总是觉得以后还有大把的时间可供浪费，还美其名曰"年轻人就要敢于试错"。殊不知，试错虽然能够丰富人生阅历，但归根到底，那些逝去的时间也不能够追回了。这样的人，他们嘴上经常挂的一句话就是"我要和你虚度时光"，可有限的人生被虚度、被荒废的代价却不是人人都能承受得起的。

英国有一部名为《人生七年》的纪录片，这部纪录片采访了 14 名 7 岁小孩，他们来自不同社会阶层。每隔 7 年，该纪录片导演迈克尔·艾普特都会重访当年的这些孩子。在许多观众看来，《人生七年》展现了英国不同社会阶层的人们的生活面貌，可谓英国的一个社会缩影。但是，我们从中也能够看到那些擅长规划、执行力强的人，不过几年时间就实现了自己的梦想；而那些认为未来人生路漫漫、何时努力都不晚的人，多年之后却依然过得潦草凌乱。

　　令人印象最深刻的是，纪录片中有一位名叫尼克的小男孩，他出生在一个比较清贫的家庭，依靠奖学金才能完成基础教育。但是他非常擅长规划，懂得利用时间，因而考取了牛津大学，最终成为大学教授，实现了人生的逆袭。如果说 A4 纸上的一个格子代表一个月的话，那么这位实现人生逆袭的尼克便是在一个格子里完成了需要两个格子才能做好的事情。若不是具有过人的毅力以及对于时间的端正态度，尼克也很可能会成为一个糊里糊涂过日子的人。

　　正如美国著名作家斯蒂芬·金说过的那样："每个人都需要一两个奇迹，只为了证明人生不只是从摇篮到坟墓的漫长跋涉。"纪录片中的尼克，就是那位创造了奇迹的人，他创造奇迹所凭借的力量，则来自他自身。

　　在很多时候，我们觉得未来还有大把时间，这不过是一种错觉。而打破这种错觉的最好方式就是找出一张 A4 纸，按照 30×30 的规格在上面画出 900 个格子。虽然被量化的人生总是枯燥无味，但它至少能够警醒我们：此生余额，真的已经不多了！

若你没有任何资本，何谈虚度时光

前几年，"虚度时光"这个词出现的频率特别高。比如，找个真心喜欢的人一起虚度时光；再比如，在某个云淡风轻的日子里，只想虚度时光。

这四个字听起来，仿佛人生不需要努力，不需要奋斗，就可以受用着丰足的衣食供应，很是岁月静好。可是，如果我们没有任何资本，何谈虚度时光呢？

岁月空过，光阴虚度，这听起来像是对人生的浪费。而浪费时间的代价，我们谁都承受不起。

多年前，我认识一个名叫卢暖的姑娘，家境一般，但也不缺吃穿。刚刚 20 岁的她，就像一头对世界充满好奇的小鹿，渴望到处走走看看。买了几本旅游攻略书之后，卢暖便踏上了旅程，一心要去寻找属于自己的诗与远方。两三年的时间下来，她去了西藏、青海，大大小小能净化心灵的所在。我们以为，卢暖会成为那种一直走在路上的人。可没想到，她回家之后休息了几天，便决定踏上另一段人生旅程，投份简历找个工作，让自己安顿下来。

我们这些人都很好奇。原本，卢暖是一个浪漫主义的人，任凭谁来劝她找个工作安顿下来都没用，怎么突然之间，就转变了心性呢？后来，我们看到卢暖姑娘写了一篇极长的文章，才知道了其中的缘由。

当年卢暖背着旅行包，全国各地东奔西跑，抱定了"人生苦短，务必让自己随心所欲生活"的信念，一次次登上驶向各地的大巴或高铁。由于家庭条件有限，自己又没有什么积蓄，这一路走来卢暖着实艰苦。她原以为，一边欣赏路上的风景，一边结交各路朋友，这是极为幸福的事情。可是，由于缺少经费，为了节约用度，她经常在一些阴暗潮湿的小旅馆里栖身，每天吃的不过是面包和桶面。刚开始，她认为这样的日子很浪漫，与山水共处，当真是美好的时光。可到了后来，每当她打开钱包看到不多的钞票时，心底便陡然冰凉，不知这种困窘的日子还要持续多久。

某一天，卢暖来到西南地区的某个小镇，正午的阳光照在她脸上，让她感叹春光真美。远远地，她望见几个青壮年晒着太阳，打着牌，待她走近再看，瞧见这些人一副悠闲自在的样子。卢暖走上前去，向他们问路，不一会儿就与大家攀谈起来。卢暖得知，这些青壮年属于镇上家庭条件比较好的群体，他们有一定文化基础，却不愿意出门打工，怕苦怕累，所以就抱着无所谓的态度聚在镇子里混日子。他们眼神空洞，表情呆滞，虽然对外乡人很热情，可言谈之间总是那样粗俗，多说几句话就会显得有些不耐烦。当卢暖说到，一路上看到有些人在埋头赶路，有些人在努力劳作时，这些人却哈哈大笑，摆摆手说他们可受不了这份罪，还是怎么悠闲怎么过吧，反正日子还长，随便打发时光就好。

就在那一刻，卢暖开始有些担心了，她担心自己继续这样虚度下去，也会变成无所事事的闲散人员。当天晚上，卢暖找到一家个体经营的小宾馆，面对和善的老板娘，略带羞涩地说，要选一间最便宜的房间。老板娘笑笑，把她领到了一间干净整洁的房间，她说女孩子一个人出门不易，不能委屈自己，房钱可以少付一些。听到这话之后，卢暖虽然备受感动，可是脸上却羞愧得滚烫无比。

她原本以为这一天走了那么多路，自己能够早早入睡。而这天晚上，卢暖失眠了。她第一次觉得所谓的"虚度光阴"是一件很可耻的事情。试问自己有何资本虚度光阴呢？在背着行囊出发前，她觉得自己走在路上，饱览风景，虚度光阴，是一件幸福的事情。可是，真正的幸福应该是脚踏实地、与现实生活不分离的。当我们忽略了现实生活中的物质因素，去追求所谓的"诗与远方"，过那种虚度光阴的人生，不是一种对生命的浪费吗？

卢暖最终觉得自己还是应该找一份工作，踏踏实实地做事。而所谓的"虚度时光"，也应该辩证地去看待。这世间没有什么绝对的自由自在，还是应该先夯实人生基础，再去谈享受生活，毕竟虚度的光阴，真的一去而不返。

回家之后，卢暖偶然间看到中央电视台播出的那个《A4纸上看人生》的视频，看完之后，她更是惶惶不安。如果按照平均年龄75岁来算，我们这一生也不过900个月，一张A4纸就象征了我们的绝大部分人生，那更不能继续虚度日子、浪费光阴了啊。

像卢暖那样，没有任何经济来源，也没有什么具体规划，只想着人生要玩玩乐乐才好，这样的虚度时光就是不可取的。

实际上，像卢暖这样抱持"人生苦短，自是应当虚度时光"想法的人，并不在少数。比如，我表妹也对人生抱以这样的态度。每当我在微信上督促她认真做事情时，她总是先发过来一串笑脸，然后喋喋不休地阐述她的大道理："这不是还有明天吗？今天我要去约会啦。"等到了明天，她依然如故，只不过把拖拖拉拉的理由改成了"与朋友去喂流浪动物"。总之，为了拖延事情，她总能找出各种各样的理由。等其他人对她的拖延行为表达不满时，她又会理直气壮地说："我们家自己的公司，我就算拖拖拉拉的也不会有什么影响吧？"

与卢暖不同的是，表妹不仅虚度光阴，而且毫无反省之意。至少，卢暖过了两三年的浪游生活，看清了自己的现实处境，能够及时调整心态，让生活步入正轨，而表妹却仍然"不思进取"。

当然，我们的神经也不必绷得那么紧，该放松还是应该放松的，毕竟，人生短暂，也不必全部用来工作。不论是与朋友约会，去喂食流浪动物，抑或是外出郊游，这些其实与我们的工作并不矛盾。我们的人生也并非只为工作而存在。但是，唯有踏实做事、认真工作，才能为自己的人生提供物质基础，让我们在现实生活中站稳脚跟。不论是否有背景或资本，我们都应该保持努力奋进的精神状态。有人说："人生苦短，为何不能好好享乐一番？"可是，正因为人生苦短，我们才更应珍惜这仅有一次的人生，活出自己的价值来。

现在，卢暖在事业上已经稳步发展，相信在不久的将来，她定会小有成就。她说，二十来岁的时候不懂人生，以为晃晃悠悠过日子，才算对得起此生。后来她想明白了，自己之所以觉得虚度人生最幸福，是因为那个时候没有确立明确的人生目标，不知道自己能做什么，更不知道自己喜欢做什么。一旦找到了想做的事情，就会一步步努力向目标靠近。目前，卢暖已是一位小有名气的摄影师，每天的安排都很紧凑。当她有了一定积蓄之后，就会再度背起行囊，去看那山水风光。她说，具备一定资本之后，再踏上出行之路，心里有了底气，那种感觉不一样。

在我身边，有许多不同年龄段的朋友，他们工作各异，但每个人都生活得充实而喜悦。因为，他们有自己的目标，凭借一点一滴的努力，逐渐向目标靠近。看着他们活得这样热气腾腾，我从心里羡慕他们，敬重他们。

格子外的时间，是你最好的"盟友"

南开大学是一所享誉世界的知名学府，从创建到现在，经历了百年风雨，培育出无数人才。鲜为人知的是，以学术见长的南开大学及其附属的南开中学，还与我国话剧艺术的发展有着不可分割的联系。

在南开中学创建之初，南开校长张伯苓、南开元老伉乃如等几位先生极力推广"新剧"艺术，认为这种崭新的艺术形式能够起到启发民智、推动时代革新的作用。尤其值得一提的是，伉乃如先生对于中国新剧艺术的发展和推广，有非常重要的影响。

伉乃如出身于天津一个清贫的农民家庭，年幼时便失去了父亲，由母亲一手抚养长大。在他上面，有一个哥哥和两个姐姐，作为家中幼子，他被全家人寄予厚望。生于贫寒之家的伉乃如从小就好学，别的小朋友玩耍的时候，他总是在闷头念书。在忙于功课的同时，他还要利用闲暇时间帮母亲做一些农活儿。不过，正因为是在这样的家庭环境中成长起来，伉乃如比别人更懂得珍惜时间。每天天色尚早，他便起床晨读，十几年坚持下来，他比别人拥有了更多学习的时间。

在考取直隶高等工业学堂化学科的官费生之后，优乃如比以往更勤奋、更努力，也更加懂得利用时间。他深知学习机会难得，便尽可能利用一切时间来学习文化知识。读书期间，优乃如的学习成绩名列化学科第一，他努力进取的精神以及惜时如金的习惯，令学校的教师们颇为赞赏。

大学毕业之后，优乃如来到南开学校教书。不过，他之于南开，可不仅仅是一位普通的化学教员。在此后的岁月里，优乃如成为南开学校功勋卓著的"四大金刚"之一。由于南开大学的经费一直紧缺，优乃如一人身兼数职。从1918年开始，他便参与到学校的管理工作之中，一天要处理的事情极多极杂。他既要给学生上课，又忙于学校的管理工作，并且作为"南开新剧团"的骨干成员，还亲自编写剧本，指导学生排演新剧。众多南开校友和戏剧艺术研究工作者都对优乃如评价甚高，认为他多才多艺，具有极高的审美能力，而且还在多个艺术领域颇具造诣。除此之外，优乃如还要参加诸多社会活动，很多时候还会牺牲个人休息时间，为学生们补习功课。凡是听过优先生课程的南开学子都记得，这位"乃如夫子"博古通今、知识渊博，什么问题都难不倒他，简直是一个"万事通"。

优乃如也不是举世无双的大天才，那如何懂得这么多的学问呢？他在私人日记里以及在给友人的书信里都曾提到，自己这一生要做的事情太多，唯有把时间好好利用起来，才有可能完成众多事务中的一两件。

优乃如不仅自己珍惜时间，对学生和子女也提出过合理规划时间的要求。他还为学生写过一幅字，那幅字的内容便是颜真卿的诗句："三更灯火五更鸡，正是男儿读书时。黑发不知勤学早，白首方悔读书迟。"他写这幅字的用意，便是时刻提醒学生，要趁着年华正好，用功学习，立志成为一个对家国有用之人。

伉乃如在如何高效利用时间方面的做法倒是为我们提供了一定的参考。每天清晨，伉乃如都要处理一天之中最为紧要的工作内容。他认为，在清晨时分，人的意识最清醒，记忆力最强，思维也最敏锐。一个人只有在注意力最集中的时刻，才能高效率、高质量地完成自己的工作任务。当然，有的人是到了晚间时分，内心才最安静，思路最清晰，这时候再去进行比较重要的学习或者完成某些工作内容也是无妨的。总之，只要能科学地管理时间，就不会沦为时间的奴隶，不会被时间所控制。最怕的就是，我们根本不知道自己在哪个时间段做事效率最高，这样一来，就会荒废很多原本可以高效做事的时间。

根据伉乃如的家属以及部分南开师生回忆，伉乃如不仅懂得合理利用时间，而且在做事之前还非常善于筹划。所以，别人要大半天忙完的事情，伉乃如往往能够提前完成。在一些关于伉乃如的回忆性文章里，都提过这样一个细节：伉乃如经常操一口天津口音，向学生们传授自己处理事情的方法，他不仅每日严格按照时间表上的内容来安排工作与生活，还同时进行两件事情，从而节省时间。比如说，他带领学生们绕操场跑步，往往是大家一边跑步，一边背诵化学元素周期表的口诀，锻炼身体和背诵口诀同时进行。

不过，伉乃如虽然以严格控制时间而著称，但是他做起事来绝不刻板，也并非一个只知埋头工作的人。忙碌一阵之后，他就会到户外散散步，或者在忙完一项工作后稍微休息几分钟，再去处理其他工作，通过转换注意力，来保持思维的敏锐。

无独有偶，谷歌首位女工程师玛丽莎·梅耶尔也是一个非常出色的时间管理者。读高中时，玛丽莎·梅耶尔就已经开始自觉进行时间规划了。玛丽莎·梅耶尔所在的学校，对学生的要求极为严格，而她则给自己规定，每天的午间休息时间只有20分钟。在这20分钟里，玛丽莎·梅耶尔会在学校食堂饱饱地美餐一顿，然后休息片刻，恢复精力，便钻进图书馆，去完成早已规划好的学习任务。而梅耶尔的其他同学，在休息时间里只是大谈特谈娱乐八卦，或者聊着自己心仪的男孩。其他同学用来聊八卦的时间里，"不合群"的玛丽莎·梅耶尔则在专心学习，难怪她的学习成绩一直那么优异。

玛丽莎·梅耶尔不热衷于聊天，可这并不能说明她是个只知道啃书本的书呆子。实际上，玛丽莎·梅耶尔具备极为出色的学习规划能力。对于难度比较大的学习内容，玛丽莎·梅耶尔往往选择在一天之中思维最活跃的时间段完成；而在午后或者临睡前，她通常会对学习内容选择性地进行复习，以巩固自己比较薄弱的功课。

参加工作之后，玛丽莎·梅耶尔比读书时更加"丧心病狂"，她每天最开心的事情便是最大限度地利用时间。她不会像其他刚刚步入职场的女性那样，在工间休息时喋喋不休地吐槽公司，而是通过自己的方式来放松身心，以便带着更好的状态投入到工作中。

与优乃如利用时间的方法有所不同的是，玛丽莎·梅耶尔从来不在同一个时间段安排两件以上的事情。但他们相同的一点是，对于时间具有严格的规划性——他们深知在某个时间段应该完成哪些工作，并严格控制完成工作所需的时间。

来自剑桥大学医学院的学霸毕业生阿里·阿伯迪尔，在时间管理方面也颇有自己的心得。他曾在视频中这样说过："人生短暂，时间宝贵，我们只有在单位时间内高效地完成学习和工作，才有可能扩宽自己的人生。"想想看，每个人的一天都是24小时，可有些人不仅在有限的时间里高质量地完成了工作，而且还在业余时间里发展个人的兴趣爱好，把平淡无奇的日子过得乐趣十足，这不是一件很幸福的事情吗？

经过多年的学习和工作实践之后，阿里•阿伯迪尔总结了自己成功的经验，他认为，"帕累托法则"在自己的成功之路上起到了极为重要的作用。所谓帕累托法则实际上就是"二八效应"，它说的是在任何特定群体或事件中，重要的因素通常只占少数，而不重要的因素则占了大多数，因此，我们只要能够控制具有重要性的少数因素，便能够控制全局。当然，你也可以这样理解"二八效应"：80%的产出源自20%的投入。这提醒我们，在处理事情时还是应该分清主次，再着手解决，把精力集中在"重要的少数"上，避免耗费在"无用的多数"上。

当然，最有效的时间管理，或许也不需要懂得那么多的法则，只要我们做到自律，便可解决大多数拖延的问题。正如阿里•阿伯迪尔所说，曾经的自己也是一个做事拖拖拉拉的人，直到学业上遭遇重大挫折，他才迫切地渴望改变自己的行为习惯。于是，他从"时间的奴仆"转变为"时间的主人"，不仅如此，他还通过各种形式，向网友们分享自己在时间管理方面的经验。其中，他格外强调自律在时间管理中的突出作用。

现在，阿里•阿伯迪尔不仅是一位全职医生，还经营着一家自己的公司。在业余时间里，他录制学习类的视频、练习吉他和唱歌，假日里约上三五友人出门散心。这生活真是过得丰富多彩，自由自在。难怪哲学家康德说："自由即自律，自律是最大的自由。"

看到这里，不知你发现没有，不论是民国时期的教育家优乃如，还是"谷歌一姐"玛丽莎·梅耶尔，抑或是昔日的剑桥学霸阿里·阿伯迪尔，他们都属于那种善于创造时间的人。对于别人来说，时间似乎永远不够用。可是对于他们这些人来讲，就不存在时间不够用的情况，他们总能获取更多时间，而时间也成了他们最亲密的盟友。

《庄子·知北游》中对短暂的人生有过形象的描述："人生天地之间，若白驹之过隙，忽然而已。"很多时候，我们一边拖延着工作，浪费着光阴，一边又心急火燎地追问"时间都去哪儿了"。而那些真正懂得珍惜时间的人，即便从事普通工作，也可称为大师级的时间管理者。

如果说，我们的人生只有 900 个格子可用，那么这格子之外的时间，便是我们最好的"盟友"。只要懂得规划时间、利用时间，时间就不再是我们的"敌人"。

让每一个格子，都成为你通向未来的铺路石

国学大师季羡林在谈到成功之道时，根据自己的人生经验，总结了一个公式：天资＋勤奋＋机遇＝成功。

然而，大多数人只看到了"天资"与"机遇"，却忽视了中间的"勤奋"二字。而人们又极容易对"勤奋"二字怀有一些偏颇的理解，以为所谓勤奋就是一天到晚埋头做事，又以为只要埋头做事便一定能成功。

但稍微思考一下，我们就会明白：这怎么可能呢？如果只是埋头做事就一定可以成功，那岂不是遍地都是大富豪了。再者说，如果做事之前没有经过一番规划，不曾制订出一些方案或者计划，不曾踏踏实实地执行，那么"勤奋"也不过是装出一个样子来给别人看。

漫漫人生几十年，用来学习、工作、恋爱、自我成长的时间没有那么多。面对一张画满格子的 A4 纸，想来很多朋友不由得手心冒汗，甚至还会因此而焦虑、抑郁。其实，意识到时间有限并因此而焦灼，这是很正常的事情，只是焦虑、抑郁就大可不必了。有焦虑、抑郁的时间，不如好好规划一下，让每一分钟都不虚度，让每一个格子，都成为通往美好未来的铺路石。在这里，就涉及时间管理的方法了。

我认识一位名叫周周的姑娘，她曾经在我们的读书社群分享她在时间管理方面的经验，其中有一点特别值得我们借鉴，这一方法便是"合理地设置目标"。

听到"设置目标"这四个字，可能有些朋友会在心里小声嘀咕："这有什么了不起的，不就是设定目标吗？这有什么新鲜的？这有什么难的？我也会！"

可是，你真的懂得怎样科学合理地设置目标吗？不如，我们一起来听听人生规划师周周姑娘的建议吧。

在很多年前，周周姑娘也是一个重度拖延症患者。她曾自嘲，当朋友或领导交代给她一件事情，她都会信心满满地回应着，觉得自己这次肯定不会拖延。可也奇怪，每次她都铆足了劲儿做事，结果，拖延的毛病并没有得到改善。

这是为什么呢？那时候，才二十五六岁的周周姑娘对此百思不得其解。直到有一天，她在单位加班时，无意中看到一只苍蝇没头没脑地撞向窗玻璃，似乎想要寻个出口，飞出窗外。可是那只苍蝇撞了一次又一次，依然在窗户里面打转。周周姑娘看着这只没头没脑的苍蝇，恍然大悟：没有目标性跟方向感，就像一只无头苍蝇，除了一次次把自己撞得很疼之外，什么问题都解决不了。

回顾了一下自己之前的职场经历，周周姑娘确实由于缺少目标而经常出现做事拖延的情况。那该怎么办呢？周周姑娘翻出来小本子，仔细地写上日期以及今天要完成哪些事情。一连几天，周周姑娘都是这样做的，半个月之后她发现，自己做事不再像之前那般拖延，但她感觉自己的工作效率还有极大的提升空间。

为了彻底改掉拖延的毛病，周周每天清晨都会在本子上

请给人生涂上色彩

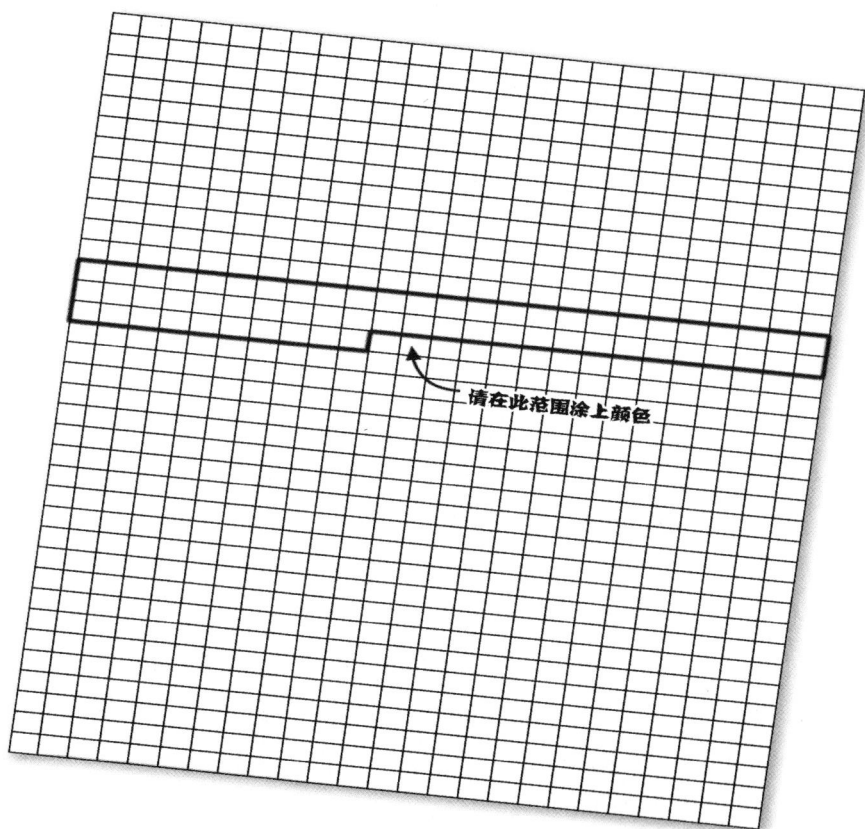

请在此范围涂上颜色

写下这一天要完成的任务。通常来说，她每天只列上三四项任务，她不愿每天做过多的事情，一来不想给自己过多的心理压力，免得因此而打消做事的积极性；二来避免事情过多，为了赶进度而不得不潦草完成。在坚持了两三个月之后，周周的工作效率果然得到了大幅提升。

但是周周又说，仅仅有目标还不够，还需要行动起来，不然一旦目标没有完成，不仅会给自己带来心理上的焦灼感，还会导致拖延症复发。于是，周周在每一个目标后面，又增添了非常具体的行动计划，甚至连做事的步骤都分为几个方面写下来。

比如，今天主要的工作是完成一篇产品发布稿。那么，为了更好地完成这篇稿子，需要哪些行动步骤呢？周周在经过思考后，会明确地写下完成这项工作的行动步骤。这样做好处很多，目标就好比目的地，而行动步骤就是导航系统，有了导航，我们才不会跑偏，当然就能够比较迅速地完成工作了。

除了每天设定小目标之外，周周后来还要求自己每个月设置一个大目标。比如，每天读 50 页书，这是每天必须完成的小目标；每个月写一篇 2000 字的读书类文章，这是每个月必须完成的大目标。特别需要注意的是，不论设置每日目标还是每月目标，都不能脱离现实。不然，无法完成给自己规定的任务，不仅会产生严重的挫败感，而且很容易失去继续下去的动力。

当一个人对自己有了明确的要求以及具体的行动计划，他就会大步前进。曾经做事拖拉的周周姑娘，渐渐地就像变了个人一样，不但能够高效率、高质量地完成工作，而且还比别人多了一些业余时间。那么，周周是如何安排这些业余时间呢？

她根据自己的兴趣爱好，报了几个网络学习课程，利用业余时间学习了视频剪辑、新媒体写作等技能，还进一步学习了时间管理方面的知识。为了学习技能，周周花掉了金钱，用掉了时间，有些人觉得她吃亏了，暗地里嘲笑她。其实，周周把自己学到的技能应用到现实之中，她在业余时间做自媒体，尝试着帮助别人规划工作。周周认为，虽然给自己设定目标时，要切合个人的实际情况，但也应该逐步提升目标难度。不然，每天都在重复昨天，这岂不是对人生的另一种浪费？而且，如果我们总是做同样难度的事情，自己的能力也不会提升，过去几年之后，还是会被这个社会淘汰掉。

现在，30岁的周周既是部门里的项目带头人，又是人生规划师。每当别人夸赞她是个优秀的成功女士时，她总是谦虚地笑着说，自己天资平平，能力一般，是勤奋的精神和良好的习惯提升了自己。

如果你觉得周周姑娘只是少数"幸运儿"之一，那么你可以继续往下读。"老干妈"辣酱名满全国，可是你知道老干妈辣酱背后的故事吗？

老干妈辣酱创始人陶华碧的家乡，在贵州省湄潭县一个偏僻的小山村。在丈夫病逝之后，陶华碧为了养育孩子，承担起生活的重任。她在出售冷面和凉粉的时候，听到很多顾客夸赞她调制的辣酱非常可口，于是陶华碧从中看到了特制辣椒酱的商机。这位从来没有读过书的妇女，开始研究起辣酱的制作方法。如果今天做得不够好，那么就明天继续做。陶华碧完全不懂得如何配制，因为在这之前，她都是随意调制的。

陶华碧是一个很倔强的人，她在被生活逼到绝境时，也要与人生搏一搏。同时，她也是一个勤奋的人，在自己人生的A4纸上辛勤地耕耘着，相信时间会给出一个满意的答案。这条磕磕磕绊绊的辣酱研发之路，陶华碧走得非常漫长，她要克服资金短缺、设备不足、自身文化水平有限等困难。好在陶华碧的心态足够阳光，在这个漫长到以年为时间单位来计数的研制过程中，她一边给自己打气，一边总结经验，争取做到每一天都有收获。多年之后，陶华碧终于研制出口味独特的辣酱。

陶华碧能够窥见辣酱的市场前景，说明她在经商方面是有一定天赋的。这不正好契合了季羡林所说的那个"天资＋勤奋＋机遇＝成功"的公式吗？我们的人生大厦，由我们自己来建造。浑浑噩噩过一天与精进努力过一天，最终得到的是不一样的结果，看到的是不一样的景色。别让人生中有限的时光虚度，争取让人生 A4 纸上的每一个格子都成为我们通向未来的铺路石。

学会规划人生

个人成长领域的权威人士博恩·崔西在其代表作《吃掉那只青蛙》中这样写道："要拥有美好的生活或辉煌的事业，就要心无旁骛，一次只做一件事情，圆满完成这项任务之后，再去做下一件工作。"

中国有句老话叫"贪多嚼不烂"。这句俗语与博恩·崔西的那段话，其实是同一个意思。不论工作还是学习，总需要一个过程。努力发奋是一个很好的品质，可凡事超过了限度，就会把结果引向相反的一面。

就在上个月，好友小静还向我抱怨：报了一堆学习课程，可是感觉自己的钱都打了水漂，不仅什么都没有学会，而且还耽误了正经工作。我问："你到底报了多少课程？"小静低声说了句："具体报了多少课程我不记得了，不过，总有十几门吧。唉，我真的是对自己要求太过严格了，所以，才一口气报了这么多课程。"

实际上，像小静这样的情况在我们身边并不少见。她的出发点还是值得肯定的。韶华匆匆逝去。把我们这几十年的人生量化一下，那一张 A4 纸就足够了。既然时间如此宝贵，那我们更应该学会在 A4 纸上规划人生，要抓紧时间学习、工作，提升自己，但不能贪多求快。

说起人生规划这件事，我特别佩服江苏南京的一位庄伯伯。他在年少时就喜欢画画，可惜，由于家庭条件有限，他连初中都没有读完，就不得不早早挑起照顾家庭的重担。后来，庄伯伯进了工厂车间，在自己的岗位上一直辛勤劳动到退休。

在别人眼中，庄伯伯是个平平无奇的退休老人。实际上，他心中却有一本明白账。虽然平日里在工厂车间整日忙碌，可每到休息日他总要在家中写写画画，一来是工作业务上的需要，二来满足一下自己年少时对于绘画的执念。十几年过去了，厂子里的工友们都知道庄伯伯手握妙笔，能绘万物。而他对自己的规划也正在此：既然工作需要，既然自己喜欢，那就在绘画制图方面多下些功夫。工作与爱好相辅相成，庄伯伯不仅发展了个人的兴趣爱好，更凭借出色的工作能力得到了单位重视。

退休之初，庄伯伯就为自己的晚年生活进行了一番规划。他觉得，既然自己的绘画水平还不错，而且自己的兴趣又在此处，那么不妨办一个面向老年朋友的绘画班。最初，庄伯伯根本没想过靠着办老年绘画班来盈利，但是一些老年朋友在他这里学会了素描，获得了快乐，大家都愿意为自己学到的绘画技法买单。

庄伯伯具有很强的规划人生的意识，而他长期坚持发展个人兴趣，以提升工作技能和幸福指数。这还只是他颇具人生规划意识的一个方面，在擅长规划之外，庄伯伯还非常守时。

据他本人讲，他退休之前的时间安排是这样的：每天清晨6点起床，抽出半个小时进行户外运动；8点到工厂上班；午饭后小憩 20 分钟，有时候也会看看报纸杂志或者自己喜欢的书；下午下班之后，工友们基本上都去喝酒打牌了，滴酒不沾的庄伯伯则闷声不响地根据自己的情况来安排晚上的时间，或是为孩子辅导功课，或是与妻子一起做家务。如果这些都不需要他，他就用业余时间来读书。

用庄伯伯自己的话来说，除了年少时期那个未能圆的"画家梦"之外，他还有一个"作家梦"。但庄伯伯心里清楚得很，想写出好文章，必须要有所积累。他深知自己文化程度不高，于是就利用业余时间来补充文化知识。其他工友把时间用来打牌、喝酒，庄伯伯却在《汉语词典》《成语词典》的陪伴下，啃完了一本又一本世界名著，而且还创作了多篇散文。现在，庄伯伯的晚年生活特别充实，人称"老才子"。社区里的人都知道，这位庄伯伯不仅会素描，还会写文章，目前正在创作个人回忆录呢。

规划人生，要基于我们对自己的认识。比如，我们有什么比较独特的兴趣爱好；再比如，我们有一个怎样的人生目标。个人的兴趣爱好，能够推动我们获得工作之外的成就感；而确立一个明确的目标，则能够推动自己持续前进。

要想过一种不虚度的人生，我们就应该合理地规划人生。斯坦福大学曾经做过一个统计，在 12—26 岁的青少年群体中，平均每 5 个人中只有一个人对自己的生活有清晰的规划，而绝大多数人根本不知道自己未来想做些什么，甚至，还有很多人从未考虑过自己未来的人生方向。

记得不久前，我们做一场以"人生规划"为主题的线下读书活动时，还与在场的读者朋友们一起讨论了个人规划问题。原本我以为，很多年轻朋友读过那么多个人规划类图书，听过那么多个人成长方面的课程，应该对于自己的未来有一个较为清晰的把握。可让我没有想到的是，在场的读者朋友竟无一人对"人生规划"这一议题有过深入的思考。直到线下读书活动接近尾声时，才有一位女生有些羞涩地说，她并不是没有设想过自己的未来，只是总觉得自己的规划不够合理，因而也就放弃了。

这位女生的一番话，让我想起了戴夫·伊万斯，他是美国艺电公司的创始人之一，同时还是斯坦福大学的设计项目讲师。戴夫·伊万斯说："人生规划的秘诀在于，要敢于尝试并敢于试错。"曾经，他的初心是攻读生物专业，为了达成这一目标，他制订了一系列学习规划。但是，当他进入生物学专业之后，却发现自己的兴趣并不在此，于是他果断地向校方提出申请，从生物系转到了机械工程系。在此后的几十年中，戴夫·伊万斯不仅学业有成，事业上也一路高歌猛进。他对人生进行了规划，同时也根据自己的实际情况不断校正前进的方向。戴夫·伊万斯作为苹果公司的早期员工，不仅设计出苹果的第一款鼠标，而且成了美国艺电公司的联合创始人。

或许你会说，这样试错的代价过于高昂，但我觉得，只要我们能够及时止损，就不必纠结时间成本。毕竟，对每个人来说，终其一生碌碌无为才是最可怕的。

学会规划人生，不仅要具备敢于试错的精神，更要敢于面对自己的初心，要问问自己真正想要的是什么。

好友许小哈曾说："以前的我就是个拖延症重度患者，为了治疗自己这做事拖拉的毛病，买回来很多手账本、时间管理手册和时间管理模块工具。原本期待通过这些东西来改变自己，结果自从买回来之后，这些东西就原封不动地放在书架上，直到上个星期整理房间，我才发现书架角落上的本子们。唉，真是的，买来之后也没有用过呢。"

其实现在的许小哈是一个做事利索的效率达人，没有任何拖延的现象。于是我就问："啊，既然你从来没有用过这些手账本和时间管理手册，那么你是如何改掉拖延症的呢？"

许小哈开心地说："因为我现在做的事情是自己真正喜欢做的。只要一想到自己做着喜欢的工作，我就充满了动力和激情。为了好好完成工作，我怎么还可能拖延呀？"

也许你会好奇，许小哈是如何找到自己喜欢的工作的。其实这非常简单，许小哈曾经做过很多份工作，有些薪水低强度大，有些工时长报酬高，但无一例外，她做每一份工作时都是能拖就拖。与职场上的拖延相反，身为兼职平面设计师的许小哈在做设计工作时，不仅不拖延，而且往往能够提早一两天完工。直到某一天，许小哈完成了手中的制图工作后，她做出了一个决定——从兼职平面设计师成为专职平面设计师。她辞掉了工作，做起了自己真正热爱的事情。

许小哈这就是面对初心，从初心出发，从而找到了自己真正热爱的工作。有了工作热情支撑，我们必然会想着如何更加完美地完成工作，有了这样的信念，便会促使我们做出一系列的工作规划，人生也会豁然开朗。

每个来到世间的人，最初都如同一张白纸。在人生这张A4纸上好好地进行规划与潦草地涂涂画画，最终得到的是两种结果。

需知，我们的生命很短暂，短到只在呼吸之间。我们不妨现在就思考一下，当短短几十年的生命走到尽头，我们将怀着怎样的心情与这世界告别：是平静宽和地逝去，还是满怀悔恨与忧伤地离开？这完全取决于我们当下是否对人生进行了认真的规划。

事多不可怕，可怕的是你不知道该放下什么

进入互联网时代，似乎每个人的每一天都在忙碌中度过。一会儿微信提示音响起；一会儿手机邮箱显示接收到新邮件；5分钟之后，电话铃音大作，似乎有什么了不得的大事在等着你去解决。

在这重重信息的轰炸之下，我们觉得自己可是个大忙人，还有很多工作等着自己去处理，万一自己哪天累垮了，那公司可就亏大发了。

或许你要说："我每天就是要处理很多事情啊，这与我的职位无关，现在的成年人，谁不是每天一堆事情呢？"

可是我想说："事多不可怕，可怕的是你不知道该放下什么。"

当然，你可能对我说的话嗤之以鼻。那么现在请你找出一张纸，按照时间顺序写下你一天中做过的每件事。

半年前，我向好友抱怨自己每天很忙很累时，他便是这样要求我的。刚开始我也很不服气，甚至还想对他表达不满。可是当我在纸上慢慢写下这一天做的事情时，我的脊背开始冒汗，脸颊也有些烫——原来，这一天之中居然有那么多原本可以不做的事情。难怪我总觉得时间不够用。本以为自己是个大

忙人，没想到，看过列表后发现，自己不过是个"大盲人"。

比如，我需要在一个自媒体平台上发布一篇文章，文章发布完毕后，我还在这个平台上东瞧西看，还自我安慰说"寻找写作素材"，结果什么素材都没有找到，一个小时就白白溜走了。由此我又想到自己的日常生活：为了在微信群里抢红包，每隔几分钟就要看一眼手机，如果没有抢到，还会很不甘心地一直盯着手机。

当然，诸如此类的事情还有不少，我就不在这里一一列举了。我之所以敢于在这里讲出自己的问题，那是因为我知道像我这样时间利用率极低的情况，肯定非常普遍。我们总以为自己事情多，很忙碌，时间不够用，但如果我们把一天做过的事情做成表格，就会发现，真正必须要做的事情，并非如我们所想的那么多。当生活中涌进来那么多原本无须做的事情，留给重要事情的时间，又能剩下多少呢？用不多的时间去处理对生活和工作具有极大意义的事情，我们又有几分把握能够处理得完满呢？

所以，真正懂得人生规划的人，往往善于为自己的生活做减法。吴军博士也曾多次表示过：时间利用率低的人，就是在做拣了芝麻丢了西瓜的事儿；而那些短短几年就在事业上做出成绩的人，往往是因为他们懂得利用时间，懂得放下那些不必要的事情。

最近这几天，重温日本作家山下英子的《断舍离》一书，我赫然发现一些之前自己从未注意过的内容。山下英子这样建议：大家在准备做某件事情时，不妨反问一下，这件事对于自己来说真的是必要、合适、愉快的吗？

我们经过一番检视就会发现，说不定生活中真的有相当一部分事情，都是可做可不做的。一旦我们厘清了哪些事情必须要做，哪些事情无须去做，然后果断采取行动，积极做好必须完成的事情，我想，我们的时间利用率便会得到一定的提升。

但是，提升时间利用率并不只有这一种途径。在很多时候，我们说自己还有很多事情要做，其实只是自己认为的。因为有一些超出自己能力范围的事情，虽然很有价值、很有意义，可如果我们硬着头皮去做，不仅很难取得满意的结果，更可能会浪费大把的时间。所以我们没必要去做。

2017年，我的好友沈鹏辞职创业，创办了一个自媒体工作室。原本，沈鹏最擅长的是写作，从立意到成文的速度很快，文笔甚佳。可是，自媒体并不只局限于文字表达，进入视频化时代之后，很多视频创作者变现更为迅速，收入也更加可观。因此，沈鹏不仅要写，还要学习如何制作视频。沈鹏不仅要独立完成与合作方在内容上的打磨以及其他对接工作，而且还要写文章，做视频，此外还需要进行营销推广。除了这些本职工作，他还有别的事情，比如给小孩子辅导作文，以及在一些平台上讲课。

看到这里，想必你也发现了，沈鹏是一个大忙人。但是沈鹏说，他从2017年忙碌至今，虽然累出了颈椎病，可收益并没有显著提升。难道是他自己花钱大手大脚？并非如此。据我所知，沈鹏是一个购物时价格敏感度极高的人。他的问题在于对自己的能力缺少明确的认知，大包大揽了很多事情，而且还都是自己搞不定的事情。

就拿制作视频来说。我们曾建议沈鹏找一个视频制作达人与自己合作，一来可以减轻工作压力，把做视频的时间节省下来去做自己擅长的事或锻炼身体；二来让专业的人做专业的事，自己不擅长的就交给懂行的人去做，这样一来，内容质量也能得到保障。

可是沈鹏并不采纳我们的建议。他始终认为，虽然在创业阶段自己举步维艰，但正因如此，自己才能学到更多的技能，从这一点来讲，自己的辛苦与付出也是值得的。

沈鹏的这一番话确实三观很正，而且颇具鼓舞人心的力量。然而，他忽略了一个事实：时间总是有限的，不会对你格外宽容，会等你学好所有技能。同时，他也从来没有意识到，一心一意地做自己力所能及的事，往往能够事半功倍；而不论什么事情都自己一肩挑，却很有可能耽误工作进度。沈鹏便是如此，所以他那工作室还险些经营不下去。

人类寿命不过匆匆几十年，当然，随着科学技术的发展，或许会有所延长，但这也是若干年之后的事情了。既然人生如此短暂，那么我们不能够做尽所有事情，也在情理之中。或许有人要与我抬杠，说像列奥纳多·达·芬奇，不仅是绘画巨匠，而且在文学、音乐、数学、工程等诸多领域均有造诣；还有英国哲学家罗素，也在众多学科上都有杰出贡献。可是，你是否想过，这样的天才毕竟是极少数。对于才智平平的普通人而言，一生中能够做好几件事情，已实属不易了，怎么能够贪多呢？在自己这短暂的一生之中，怎么可能包揽各项工作呢？我们既没有那么多的时间和精力，也不具备如此非凡的智慧。我们应该量力而行，做好自己能力范围之内的事情。大包大揽并不能说明能力出众，恰恰证明了缺少规划和对自我能力的清晰认知。

现如今，沈鹏也算活明白了，干脆把昔日同窗喊来帮忙，两个人一起创业，共同创造财富。或许因为遭受了之前的挫折，沈鹏颇有感触地说："既然人生无法面面俱到，那我就选择自己能够胜任的事情去做。"经历过一番波折后，他的工作室算是步入正轨了。

在这里，我很想说一些自己的体会。首先，我们应该在自己可以利用的时间与需要做的事情之间寻求一个平衡。千万别指望自己什么都能做成，因为这样很可能会一事无成。再看那些成功人士以及伟人，他们这一生中或许只专注地做了一两件事情，但是依靠量的积累，最终产生了质的飞跃，从而让自己的人生从平平无奇跨越到闪闪发光。

愿我们从今往后，认清自己的能力，少揽一些事情，把有限的时间用在自己真正擅长的方面。懂得放下一些事，才能真正做好一些事。

时间不会停留，但你可以适当延长它

在北京的一个小区里，住着这样一位老奶奶，她年届九旬，不论是与人聊天，还是外出散步，脸上总是挂着和蔼的笑容。她白发苍苍，却精神矍铄；她谈吐不凡，令人一见便觉得慈祥和蔼。

这位老奶奶名叫盛瑞玲，出生于 20 世纪 30 年代，是一位生于山东长于重庆的优雅女士。1962 年，她跟随爱人来到那曲援藏，成为一名"马背上的医生"。20 世纪 60 年代的那曲，生活条件艰苦，自然环境恶劣，但也正是从这个时候开始，盛瑞玲有了极强的时间观念。

作为一名医生，她深知为患者解除病痛，必然要与时间赛跑。有时候对病患救治及时，就能够救回一条人命，而病患如果是孕产妇，那么就意味着救回来两条人命。

从一位医生的角度出发，盛瑞玲必然要争分夺秒地与时间赛跑。调回北京工作之后，依然从事医务工作的盛瑞玲将自己这种善于管理时间的能力完美地延续了下来。但她真正完美掌握时间管理的能力是在 70 岁之后。

盛瑞玲退休不久，便横遭车祸。在卧床休养的那段日子里，家人为了给她补身体，每天都是大鱼大肉。身高不过 1.6

米的她，体重迅速飙升到 126 斤，成了一位富态的老太太。

这种"富态"给盛瑞玲带来了诸多病痛，其中最严重的便是糖尿病。经过一年多的快步走锻炼，盛瑞玲才甩掉了赘肉，降低了血糖，恢复了苗条身材。更重要的是，由于盛奶奶气质出众，还成了一名老年模特。她正式作为广告模特出道时，已是一位 70 多岁的老人了。正是从这个时候开始，各种邀约活动接踵而至，原本枯燥无聊的晚年生活也变得异常丰富多彩。

通常来说，盛瑞玲老人的一天是从清晨 6 点开始，到晚上八九点钟结束的。在这一天的时间里，她不仅要接拍老年服装的模特图，还要参加公益活动。有时与职业模特们同台走秀，待傍晚回家吃过晚饭，稍微休息之后，还要进行网络直播。

如今，盛瑞玲已经 90 岁高龄。在很多人看来，一位 90 岁的老年人，不应该在家享受天伦之乐吗，何必跑出来这样奔波劳碌？

实际上，盛瑞玲非常享受这样的日子。她总是说，时间匆匆过去，不会稍作停留，但我们可以尽量充实生活，以适当地延长时间。

这位晚年人生如同开挂一般的老奶奶，已经由一位普通的退休老人蜕变为老年明星。她既是老年平面模特及电视广告模特，还是影视演员以及品牌代言人。为了保持充沛的体力和姣好的身材，盛奶奶每天坚持锻炼，还报了形体培训班，和一群 20 多岁的女孩子一起进行形体培训。她说，她喜欢那些时尚新潮的事物，也喜欢与年轻人做朋友，因为这样可以让自己的心灵保持好奇和活力。早在 10 多年前，盛奶奶在网易博客上就积攒了 200 多万名粉丝。这两年，她又迷上了网络直播，每天都会在直播间与天南海北的网友们畅聊一小时。

请给人生涂上色彩

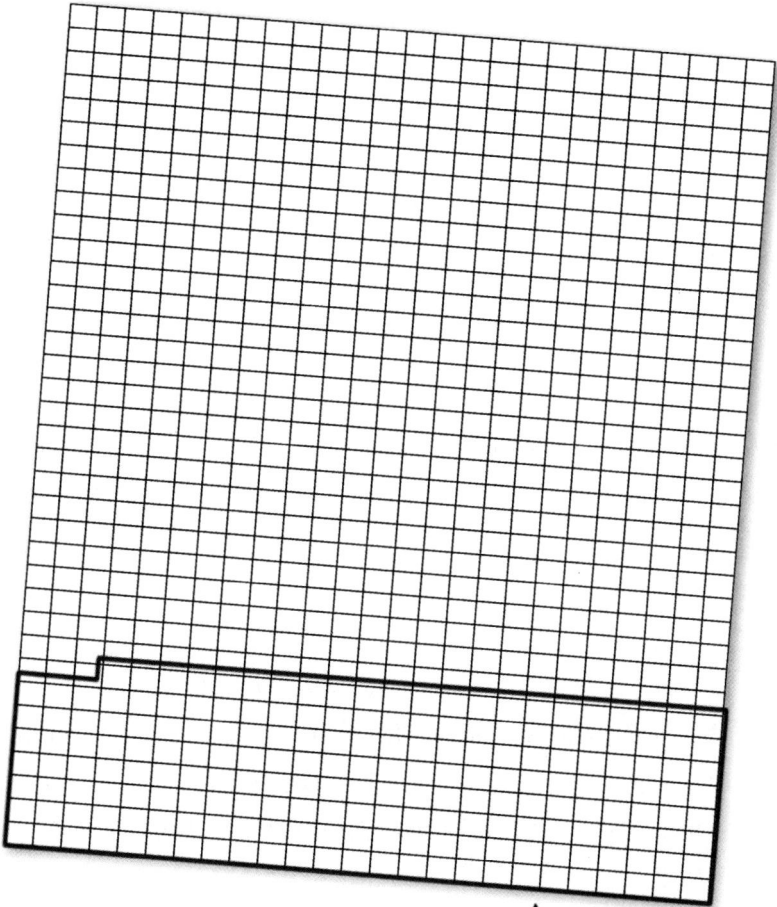

请在此范围涂上颜色

有些二三十岁的年轻人，整天觉得自己的人生还很漫长，他们挥霍时光，却只得到心灵的空虚。再看盛瑞玲老人的生活，虽然每天安排得那么紧凑，让人一眼看去就觉得累，可是她却乐在其中，心怀愉悦，让许多个丰富多彩的瞬间共同延长了她人生剩余的时间。

懒惰是人类的天性，就像一剂鸦片，总是带给人们短暂的愉快，过后则是无尽的空虚。这种空虚填充着我们的人生，直到人生的尽头，才会悔恨交加，却也悔之晚矣。时间不会因为我们荒废了它就倒回去，给我们重新选择的机会；也不会因为我们做事拖拖拉拉就会稍作停留，让我们顺利完成人生中的任务。它如同淙淙流水，流去便是永远流去了，它从不可怜任何人。

或许正是因为盛瑞玲老人早早看透了时间的本质，所以她才把每天的生活安排得那么丰富，把一天当成两天过。她的晚年生活比一些年轻人的日常生活过得还精彩。她不怕别人议论，敢于尝试没接触过的新生事物，也愿意突破自己既有的成绩，向更多的陌生领域进发。她成为老年模特后不久，便与一群十八九岁的职业模特同台竞秀，不畏惧人们异样的目光，努力在舞台上绽放自己的光彩。此前从未拿过照相机的她，也开始学着使用单反；从来不知互联网为何物的她，在子女的耐心帮助下，成了知名博主和宣扬正能量的网络红人。

更重要的是，盛奶奶有着极强的时间观念，她不断提高时间利用率，把一天时间当成两天来用，于是，时间在她的生命中便得以延展开来。

我听了盛奶奶的故事之后，一再反思自己的生活。我是一个胆怯的人，从来不敢轻易尝试，也不愿意接触那些新鲜的事物。当年读研究生时，很多同学准备考博，并劝我一试。可我想，考硕士都掉了半条命，考博岂不是会要了自己的整条命？我准备踏实撰写毕业论文，顺利拿到硕士学位之后，就回老家找一份稳定工作。于是，在这段时间里，我懒散度日，荒废了一些时间。

回到老家后，昔日的小伙伴王杰准备前往北京发展，她对我说："我们给出版社投简历试试吧，咱们都喜欢读书，而且你还那么喜欢写作，我们如果能进入出版行业该多好！"可是，我并没有像王杰那样勇敢，为了实现自己的某一个目标，付出大量时间去准备。

英语专业出身的王杰，对于时间有着超强的规划能力。读大学的时候，王杰便以善于利用时间而著称。她明确知道自己的兴趣在哪里，自己的长处和短处是什么，如何在自己感兴趣的领域长足发展。这些内容，她都深入地思考过，详细地规划过。她在日历上写下每天的事情安排，还利用手机软件规划出每天的时间清单。她把自己学习、工作和生活中的各种事情明确地分清楚，这样就不至于混在一起，而拖慢处理事情的进度。而且，王杰还给自己规定了做每件事情的时间。比如，她规定自己用3天的时间读完一本20万字的小说，再用两小时的时间写一篇书评。王杰说，一旦给每一件事情规定了时间，就能在最大程度上杜绝浪费时间的现象。

在不断积累的过程中，她具备了极为丰厚的文化素养。大学毕业后，王杰在一所培训学校任职。工作之后，很多人反而缺少了时间管理的意识。大概是觉得，反正自己已经有了饭碗，之前那么辛苦地学习，艰辛地求职，这下应该放松放松了。可是王杰不同。她不仅总结自己之前在时间管理方面的经验，而且还在关于时间管理的图书中寻找更加高效的方法。她说，人生虽然有限，可通过高效率地利用时间，可以在一定程度上延长自己的生命。

王杰第一步做的是减少无效时间。什么是无效时间呢？比如说，我们一天工作 8 个小时，理论上来说这 8 个小时就是有效时间。但实际上，我们中午吃完饭之后又散散步，那么吃饭加上散步的 1 小时，就属于无效时间。如果我们把吃饭和散步的时间减少到 40 分钟，便减少了无效时间，增加了有效时间。当然，并没有说不可以吃饭散步，这里只是举一个例子。但是，诸如闲聊天、看八卦娱乐、漫无目的地上网等行为，那就真的是无效时间了。王杰要做的，便是把诸如此类的行为尽量杜绝掉，这样一来，就会节省出时间去做真正有价值的事情，比如跑步健身，换来一个好身体；比如多读好书，获得更多新知识。"股神"巴菲特曾经说过："时间是杰出人士的朋友，平庸人士的敌人。"王杰心想，如果我们能够合理高效地利用时间，我们就会从平庸人士成为杰出人士，即便没有像巴菲特那样，至少也算是不负此生。

工作 3 年后，王杰决定辞去现在的工作。她认为，人生的时间有限，既然如此，要选择自己真正热爱的工作吧。于是，她投了一份又一份简历，最终得到了自己理想的工作。她来到北京后的第一天，给我打了一个近一小时的超长电话。她说，自己很庆幸一直敢于选择喜欢的生活以及喜欢的工作，这样一来，人生便不再局促，而是有了一种生命不断扩张的感受。

多年之后，我把自己的兴趣爱好发展成了职业，而我那位好朋友则不断地转换领域，每一个领域都是她所好奇和热爱的，她说她未来的人生愈加清晰地铺展在眼前。是啊，只有做着自己热爱的事情，投入了自己的情感，同时又专注地忙碌，我们的人生才能得以延长。

在这个世界上，有太多东西是金钱无法交换的，比如真挚的爱情、可贵的友情，而真正应该排在第一位的，应当是转瞬即逝的时间。

时间是有限的，从不会为任何人放慢脚步。可是，时间对那些热爱生活的人却格外宽容。这大概是因为，那些热爱生活的人，做着自己喜欢的事情的人，对待时间也格外有敬意。他们深知时间的珍贵，因而尽力让自己的生命过得丰富而充盈。

以毒舌而驰名文坛的法国作家、哲学家拉布吕耶尔说："不善于利用时间的人，总是首先抱怨没有时间，因为他把时间都耗费在吃、穿、睡和聊天上，不去考虑该做什么，而是什么也不做。"如果甘愿平庸，那么你可以继续浪费时间，把时间用在吃喝玩乐上；但是，你若想不负此生，想适当延长自己生命中的时间，那么就从现在开始，好好地利用眼前的时间吧。

这世上最稀缺的，并不是金钱

如果你问现在大家普遍缺什么，大多数朋友可能会说自己缺钱。但人们没有意识到，这个世界上最稀缺的并不是钱，而是时间。财富可以通过合理利用时间来积累，而时间被荒废掉，便是真的一去不回了。

不过，每个人每一天都只有 24 个小时，这也正是时间的公平性所在。不论我们如何挤时间，能够得到的也终归有限。但如果成倍提高利用时间的效率，那么就有可能极大地提升我们的幸福指数。

当我们在思考如何利用时间的时候，首先要认清这样一个事实：不要总想着通过某种方式从哪里去"抠"时间，而是应该考虑怎样提高现有时间的利用效率。或许你会觉得这实在是一件难事，因为自己的时间已经被工作占了，甚至连双休日都要加班，完全没有充裕的个人时间。但是，我们不妨反问一下自己，果真是这样吗？

在日常生活中，总有许多零碎的时间，比如等公交车的时候、等人的时候、晚上睡觉前……我们回顾自己的日常生活时，这种碎片时间就呈现出来了。这些零碎时间，可能只有几分钟，看似做不成什么事情，但日积月累，也能给我们带来一定的收获。戴尔·卡耐基曾说:"零星的时间,如果能敏捷地加以利用,可成为完整的时间。白白浪费一天,是很容易的事情;想要时间倒流,却没有任何方法。"可见,把零星时间收集起来,也能成为完整的时间,供我们做很多事情。

不过,想利用好时间,需要极强的自律性和自制力。假如漫不经心、随随便便就能够掌控时间、提升效率,那么时间也不会成为世界上最为稀缺的存在了。

在北非古国迦太基,有位名叫汉尼拔的军事家,足智多谋、骁勇善战。他说过这样一句话:"最好的防守就是进攻。"这句话带给我们诸多启示,也警醒我们面对自己的弱点时,不妨狠辣一些,主动"攻破"弱点,坚决不给弱点以苟延残喘的机会。要想改掉缺少专注力和自律性的毛病,我们可不能对自己心慈手软。

小尧姑娘每次拿出手机想看书或者收听课程时,又很想聊天、购物。她非常主动地向善于利用时间的同事请教,希望能够彻底改掉自己不自律、不专注的毛病。小尧把自己的困惑讲给小敏,而小敏也十分热心地给小尧出谋划策。她说,自己曾经也在读书、学习、工作的过程中分心去做别的事情。她后来发现,自己之所以会分心,是因为缺少清晰的目标。比如,今天要读20页书,就要强制自己不读完就不睡觉。那么,在阅读的过程中,就会集中注意力,而不是一会儿看书,一会儿刷微博。当然,为了继续激励自己,还可以在专心完成目标后给自己一个小小的奖励。专注力和自律性完全可以通过训练培养起来,而这种良好的习惯一旦坚持下去,我们的人生就会变得不一样。

取经之后的小尧心花怒放,她迫不及待地翻出来一个记事本，一番思考之后，定下了本月的读书计划。前十几天，小尧坚持得很不错，好好利用上了各种零碎时间，不仅读完了两本热销小说，还学习了一门基础写作课程。可是，小有收获之后，小尧的心态开始有些浮躁了。她不再像之前那样，而是把碎片时间又用来玩手机、聊闲天，因而她的时间利用率又有所降低。更严重的是，小尧在坚持了十几天高度自律、高度专注的时间管理之后，整个人似乎又退回原先的状态，毫无时间意识，甚至还因此耽误了正常的工作进度。这真是令她苦恼不已。

改掉坏习惯本来就是违背人性的事情。毕竟吃喝玩乐更舒服自在，可依然还是有很多人把玩乐时间用来埋头工作，努力拼搏。他们深知时间的可贵，把时间视为世上最稀缺的资源，他们不敢浪费时间，因而他们的时间利用率也就相当高。有一句话说得非常在理，你把时间用在什么地方，你就会收获什么。这些珍惜时间、合理利用时间的人，往往能比其他人更迅速地提升自己，获取财富。

可是，培养一个良好的习惯并非一朝一夕之事。即便我们前期坚持得再好，也可能会出现反弹的情况。当小尧意识到自己现在的状态可以通过自我调整而有所改善时，她便不再焦虑和苦恼了，她虚心地向同事小敏请教时间规划方面的诸多问题，并且有意识地进行时间管理。

在小尧着手调整自己、改掉浪费时间的坏习惯时，也有一些不和谐的声音出现在耳边。"每天上班已经很累了，就那么几分钟、十几分钟的零碎时间，还用来读书、听课，累不累啊？"这样的声音，其实代表了另一个群体，相比于个人成长，他们更愿意享受当下。

当然，也不能说这种观念不对，毕竟如何利用时间本就是非常私人的事情。可是，如果你渴望不断成长，得到提升，充实自我，那必然需要积累更多的知识和学养。只有我们意识到时间的稀缺性并规划好时间，才能高效地完成工作，开心地享受生活。所以说，学习时间管理，有意识地进行时间规划，不仅与享受生活不矛盾，还是提升生活幸福感的首要前提。

之前还有一种说法：既然时间本就稀缺，那么所谓的规划时间，也需要花费时间，所以最好就是不做规划，埋头做事就好。与其纠结于各种计划之中，还不如当下直接展开行动。

乍一听，这种观点似乎有些道理，什么都不想，好好工作就对了。但仔细思考一下就会发现其中的纰漏。我们之所以要对时间进行规划和管理，不正是因为时间非常稀缺吗？同样的道理，我们之所以要理财，正因为金钱也是一种稀缺的资源啊。越是稀缺的，我们越应该珍惜并合理利用，不是吗？

一位友人对我说："当你计划多而行动少时，最好的办法就是把你每天要完成的工作，以及与个人兴趣爱好相关的事情，分别写在本子上。白纸黑字，可感可见，它们时刻提醒你、督促你，这总好过你脑海中列出的那一长串计划。"

老友的建议，确实很有效果。这也说明，在面对稀缺的资源时，我们即便有所规划也会焦虑，那是因为缺少行动力。所有的规划都应该从实际出发，所有的规划都应该有所落实。

我的这位老友，曾经是出版社编辑，目前经营着自己的文化公司，还开设了一些阅读写作类的课程。除此之外，他每天还要给孩子读书，处理家务。他每天要忙的事情那么多，居然还能抽出部分时间来学习第二外语，只是因为考虑到日后工作需要。

可我分明记得，就在我们刚刚毕业那一年，他还为了时间不够用而焦灼不安。不过几年时间，他居然能够绝地反击，从一个毫无时间观念的人成为出色的时间管理达人。我曾经问他，在时间管理中最重要的因素是什么。他认为是保持行动力，专注于眼前的事情，而不是一味地因为事情多、时间少而焦虑。

"在我看来，人生就好比需要不断攀爬的阶梯，我们的目标虽然在最前方，但更应该关注眼下的每个台阶。"我的朋友这样说。想来也是，时间稀缺，韶华宝贵，我们更应该专注于脚下，一步一步地迈向目标，而不是永远停留在计划阶段。

时间之所以稀缺，在于我们此生太短而要做的事情太多。当然，你也可以选择无所事事、虚度光阴，可到头来这样的日子又有什么意义呢？其实，时间的稀缺也不过是一种假象，你看那些善于利用时间的人，永远都有充裕的时间，永远欢喜愉悦地走在时间的前面。

要让生活有起色，就从精简社交圈开始

你微信上加的好友多吗？或者说，你的社交圈子很广泛吗？

之前，我曾经问过身边的好几位朋友这个问题。他们都略带得意的神色，使劲儿点头说自己的社交圈子极为广泛，平时往来的好友也相当多。然而，社交圈子越广泛，就说明我们的生活越精彩吗？我想并非如此吧。

林达是一个工作多年、读书很多，却依然把生活过得一团糟的人，而他之所以这样，与他的一个生活理念密不可分。

前几年，林达特别羡慕那些所谓的"达人""大咖"。其实林达对于运动健身毫无兴趣，至于外语更是早在大学毕业之前就忘得一干二净。于是他结合自己的兴趣爱好、日常生活需求、自身的强项，以及多年来读过的书籍，把自己定位为"社交达人"，并且很是为此自豪。

从小，林达就常听父母教导说："多一个朋友，多一条路，朋友多了路好走。"所以他一直是个很爱结交朋友的人，而他身边的那些朋友则评价他"大方""仗义""很有兄弟义气"。步入大学之后，林达认为自己作为一个成年人，在思想上已经很成熟了，自然应该结交更多的朋友，一来为了充实生活，二来为了今后的发展做好准备。

从此之后，林达用在社交方面的时间远超过平时的学习时间。长年与各色人等交往，林达确实也积累了许多人情世故的经验。可是，他在学业上却没有任何长进。这也难怪，一个人的时间和精力总是有限的，尤其是林达，他对朋友的"仗义"举动，一度被传为佳话。比如，为了帮助兄弟在游戏中打怪，他可以闷在宿舍里一整天，至于第二天要交的作业，那就等第二天再说。

同宿舍的小武提醒林达："你呀，这样荒废学业，小心挂科。"林达笑着说："不怕不怕，大学四年，混混就完。毕业证还不好拿吗？"

在大学四年中，小武考过了英语四、六级，找了三份兼职工作，获得过奖学金，还参加过演讲竞赛，发展了自己的特长。反观林达，为了认识更多的"朋友"，他开始刻意地讨好刚刚认识的每一个人，渐渐地他放弃了自己的喜好，只为迎合对方。他不仅在双休日跟着众多"朋友"疯玩，而且还拿着数额不多的生活费请大家吃饭，甚至为了某位"朋友"，不惜逃课逃学。每当小武劝说林达做出改变时，林达总是甩下一句话："我现在就是在投资人脉，我花出去的钱，用掉的时间，将来都会变现为自己的人脉。你们就等着瞧吧！"

但遗憾的是，朋友圈子的发展走向并未如林达所愿。他手头生活费用紧张时，本以为自己的那些朋友会借钱给自己，可他连续联系了十几个"朋友"，这些人都只是冷冷地敷衍他。最后还是小武等几个舍友，给林达帮了大忙。林达不住地叹气："花出去的钱，都打水漂了。"不过，为社交投入的钱，还可以通过兼职赚回；但为了那些所谓的"朋友"，又翘课又不写作业，荒废掉的时间就永远回不来了。

参加工作之后，林达尽管在社交方面变得更成熟了一些，但他并没有完全吸取大学时期的教训，依然抱持着"发展社交圈，便是为未来进行投资"的观点。那么，林达结交的这些朋友，真的成为他想要的人脉了吗？其实并没有。原本，林达希望自己在社交圈投入的每一分钱、每一分钟，都能够成为自己日后的某种资源。但林达的生活并没有因为自己社交广泛而变得丰富多彩，反而生活质量有所降低。而自诩为"社交达人"的林达，可能根本都想不到，正是他这看似广泛的社交圈子，拉低了他的生活质量，消磨了他的宝贵时间。

比如这一天的上午，林达刚刚来到公司，正准备喘口气后开始工作，这时候公司里的小花找他倾诉上班路上遇到的不快。半个小时过去后，小花平复了情绪，回到自己的办公桌前整理资料。被同事负面情绪影响的林达却想起，昨晚陪一个失恋的朋友喝酒，以至于某一份表格还没有做完。为了应付领导，只得匆忙赶出来，而应付工作的结果便是需要重做表格。

这一天的下午，林达帮助刚刚结识的新朋友订飞机票，给认识一周的某位大哥预订酒店，为前天加上微信的某位小妹规划旅游出行线路……总之，别人在工作，林达却在挥汗如雨地为"朋友"们忙前忙后。其实林达内心也焦急万分，毕竟手头有大量工作堆积，更何况还要重新制作表格。可是"朋友"开口找自己帮忙，自己又不能拒绝。一天的时间匆匆逝去，林达只能一边吃泡面，一边加班。领导和同事们都在感叹：这个林达真不简单，放眼整个公司，就数他做事最卖力，却也最拖延。

终于在某一天，林达从各个社交平台上替换掉自己那个"社交达人"的标签。他说他实在受够了。他不愿意再为了别人的事情消耗掉自己有限的时间，他开始学会拒绝，努力提高自己。林达不再像往日那样，一下班就呼朋引伴，吃饭时抢先买单。他推掉与那些"朋友"的聚餐，翻看起与本专业有关的书籍，还打算学习一些新的技能。

几天之后，林达在社交平台上写下了这样一段话："多做些有意义的事情，多读些有益的书籍，多理解这个社会，才能够提升我们的自身价值。当自我价值得到提升之后，所谓的人脉自然而然就会到来，这是一个水到渠成的过程。"

这段话很有道理，可并非出自林达本人，而是他的领导对他的规劝。林达细细体会，觉得领导说的没错。读大学时为了社交活动而耽误了学习，工作之后为了经营所谓的"人脉"又影响了工作，眼见几位同事都升职加薪，自己却毫无长进，这怎能不让林达深感羞愧？他回想一下，自己生活中的大部分社交都是无效的，除了耗费时间之外，并不能给自己带来任何益处，只有减少不必要的社交，才能从根本上杜绝时间的浪费。

林达为了改变现状而痛下决心，断绝了诸多人际往来。减少了社交往来之后，林达顿时感觉轻松不少。然后，他又听取一些真正的朋友给予的建议，开始梳理自己的生活状态，微信上的联系人也从几千人逐渐减少至几百人。没有了那些酒肉朋友的"陪伴"，没有了外界的干扰，林达做事效率果然得到大幅度提升。

删除了大部分微信好友之后，林达又着手整理身边的人际关系，凡是给予过自己帮助和建议的人，都被林达归为"真正的朋友"；而那些随意敷衍自己、消耗自己的人，则被林达排除在外。正如山下英子在《断舍离》一书中所写的："断舍离，不仅仅是扔东西，而是通过整理物品，整理我们的内心、人际关系和生活状态。"

随着社交圈子不断精简，林达开始拥有越来越多属于自己的时间。他跑步健身，锻炼出结实的体魄；他参加外语学习，不再期盼着依靠那些"朋友"为自己谋出路；他追求高品质的有效社交，并认真分配了社交时间。比如，每个月与行业内外的人士学习、交流，积累业务方面的工作经验，并在交流中拓展自己的思维和心智。

其实，林达刚开始进行社交圈子的精简时，也多少有些不适应。他心里反复犹豫着，拒绝别人的请求、无视别人的邀请，是不是会得罪别人。但转念一想，自己有困难时向这些人求助，他们也不曾帮助过自己，那么还犹豫什么呢？人际关系上的断舍离，不正是为了让自己拥有更高品质的社交圈子吗？

还真别说，曾经为了社交圈子而频繁影响工作进度的林达，现在成了一名"工作效率达人"。说起自己往日幼稚的行为，林达还有些不好意思呢。身为公司业务骨干的他，不再迷信"朋友多了路好走"这种说法，而是更坚信依靠自己的努力，才能够实现个人价值。只是，努力的过程以及价值的实现，都需要时间。林达毫不担心时间不够用，现在的他有大把时间用来工作、学习，他相信自己终会迎来人生中更多的高光时刻。

一个假象：人的一辈子只能活一次

在我们身边，总是不乏这样的人：今天的事情拖到明天，明天的事情拖到后天；待后天到来时，与他有工作往来的人急得团团转，而他却是一副风轻云淡的样子。

并且，这种人特别喜欢这样一句口头禅：急什么，慌什么，这辈子就活一次，我还不能让自己过得舒服些吗？

实际上，我也不认同那种为了工作和事业就冷落家人、放弃家庭的生活方式。我们如此奔波忙碌，追求事业，创造财富，本来就是为了提升自我价值，给家人提供更好的生活环境。在繁忙工作之余，保持自己的兴趣爱好，偶尔与朋友们出去游玩、散心，让自己过得舒心一些，好好享受生活，这并没有什么不对。

只是，享受生活也是有前提条件的。如果我们分内的工作没有完成，本职工作没有做完，那么我们如何能够心安理得地享受生活呢？有些朋友抱怨说，自己的工作量太大，时间总是不够用，而人的这辈子只能活一次，想到这些就焦虑万分。

但是我觉得，人这一辈子，只能活一次是一个假象。你信不信，有些人的一生，就是比其他人活得更加丰富多彩、更加充实有意义，在我看来，他们似乎活了不止一次。

几年前，我在北京认识一位 IT 从业者小张，他当时是一家互联网公司的程序员，脸上总是带着笑意，不论跟谁说话都和和气气的。我朋友圈子里的人们，都非常喜欢他。

大家喜欢小张，可不是因为他相貌帅气。小张有一个特点，非常喜欢读书。正因如此，朋友们常常开玩笑说："小张，你应该搞文学创作啊，做什么程序员嘛？"小张听后，只是腼腆一笑。

小张还有一个特点，每天起床都特别早，早上 5 点半闹钟铃声一响，他便立马起床，哪怕是寒冷的三九天也不会留恋暖乎乎的被窝。通常，起床后的小张会利用清晨时分头脑最清醒的时刻，在自己的平台上更新一篇小文章，这些文章有时与读书有关，有时是一个北漂人的心声，有时则是 IT 产业方面的内容。

小张坚持在自己的写作平台每日更新已有 3 年了。在积累了较高的关注度之后，他开设了自己的阅读学习营，每天带着学员们共读好书，并且还在群里分享自己的生活感悟和读书心得。时间久了，大家都知晓了小张的作息时间以及兴趣爱好。于是，学员们都亲切地称他为"勤奋哥"。

几年下来，小张的阅读量和写作量得到了极大的积累。他笑起来依然明净，但是目光中增添了睿智的光芒。

由于小张在读书写作领域已经颇具知名度，好几个知识付费平台的负责人联系到他，希望他能够转换人生跑道，进入知识付费领域一试身手。最终，小张转变了身份，他不再是一个程序员，而是一个开发网络课程的内容总监。

小张也不是那种勤奋学习、努力工作，天天被圈定在职场上的人。职场外的小张，活得更加精彩。他是一个民间公益

java

请给人生涂上色彩

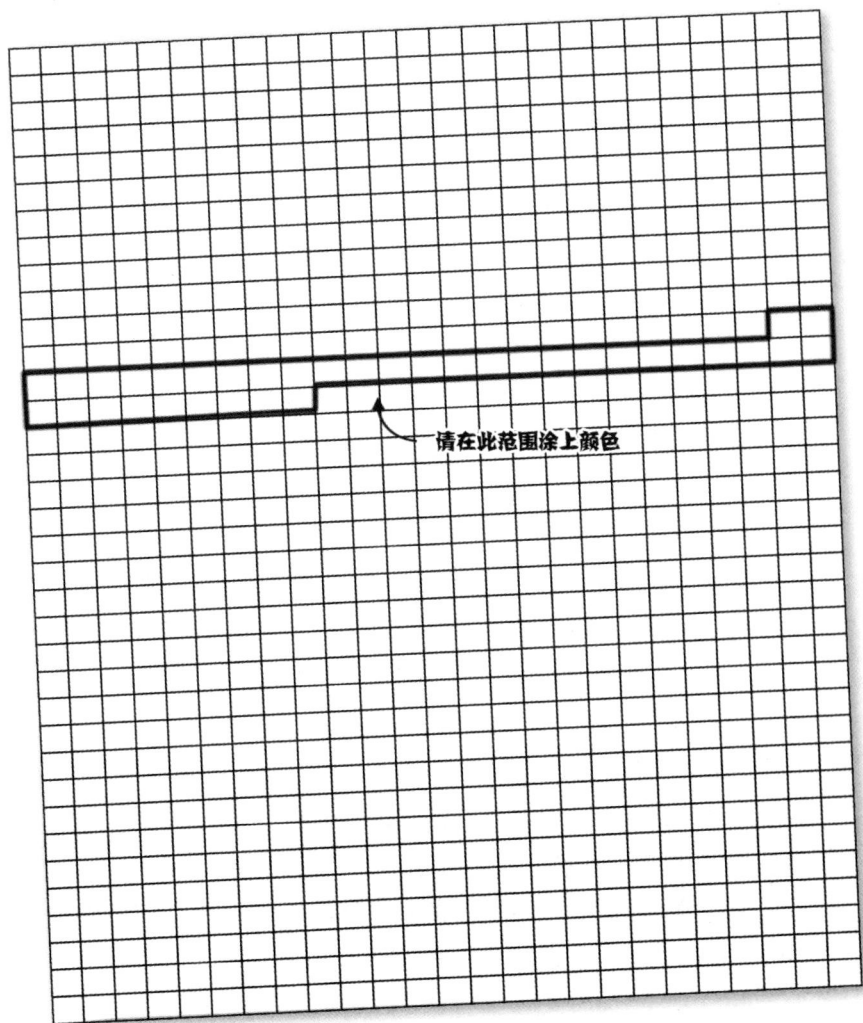

请在此范围涂上颜色

组织的成员，义务为贫困家庭的孩子们补习功课；他为流浪动物保护机构收养的小猫小狗们筹集口粮，已经坚持 4 年有余；他小时候曾梦想当个画家，后来虽然选择了 IT 行业，可他依然利用业余时间学习素描，现在他笔下的人物、景物都生动传神……

某一天，我问小张："每天见你工作那么忙，还能有额外时间去做自己喜欢的事情，你可真了不起！"小张在对话框里发来一个"加油"的表情，回复道："我每天都起得很早，每天的时间都安排好，自然就显得比别人拥有多一些的时间。"

我回想了一下，小张确实是一个惜时如金的人，他吃饭的时候就安心吃饭，从不玩手机、看视频。用过餐后，稍微休息一会儿，便去做其他的事情了。认识他多年了，还真不曾见他做事拖拉。

南怀瑾先生曾说："能控制早晨的人，方可控制人生，一个人如果连早起都做不到，你还指望他这一天做些什么呢？"

其实也可以这样说：能够掌控时间的人，方可掌握自己的人生。他们从不浪费一分一秒，因而他们的生命也更加丰富，他们似乎活了不只这一辈子。但凡那些活得高效的人，他们都具有超强的时间观念。而那些不懂利用时间的人，则只会抱怨说自己"时间不够"。其实时间真的不够吗？还是我们原本就没有好好利用时间呢？

有这样一个装瓶实验，说的是一位教授拿来瓶子、石子、沙子和水，为学生们进行的一场实验。

这位教授先是把石头装进瓶中。待石头装到瓶口的时候，他就问学生们："大家看，瓶子装满了没有？"学生们纷纷回答："装满了。"

教授笑而不语，他开始向瓶子里倒沙子，眼看沙子与瓶口平齐，他又问："大家再看看，瓶子装满了没有？"学生们回答："装满了。"

教授没有说话，他把水倒进瓶子里。当水与瓶口对齐时，他回头问学生们："这次装满了没有？"学生们不再回答，教室里一片安静。

这个实验揭示的正是时间管理的秘诀，石子和沙子之间都有空隙，即便倒入清水，也不敢保证瓶子就完全填满了。同样的道理，我们每一天也有很多零碎的时间，如果好好利用这些零碎的时间，日积月累，我们就能完成一些事情。有位朋友是一家教育平台的高管，她不仅要处理繁重的日常工作，还要辅导孩子的功课，此外，她还在阳台种植花草，而所有这些都需要花费大量时间。我问她，时间何来？她笑着说，只要不浪费点点滴滴的零碎时间，便能做更多的事情。

几年前，我在网上看到一篇关于周玲老人的文章，很有感触。80多岁的周玲老人家住杭州，相比于其他的同龄人，她的兴趣爱好着实广泛：走T台、练书法、玩摄影、学唱戏、写博客，偶尔还参加民乐演出。很多人好奇，虽说周玲老人已经退休，可一位年过八旬的老人能够把日子过得如诗一般，这要花费很多时间吧。周玲老人却认为，正是因为年纪大了，余下的时间少了，才更应该把生活安排得丰富些，把时间安排得紧凑些，最好继续提升晚年的生活质量，把自己的一天当成两天用。

可是，在我们身边也存在着很多做事拖延、懒惰成性的人。前几天，一位日常懒散的朋友还对我大倒苦水："人家也想勤奋啊，可就是提不起这个心力。"

通常来说，要改掉懒散的毛病确实不易。而人们在面对惰性时也表现出了不同的态度。有些人非常排斥自己这个懒惰的毛病，甚至还当它不存在；而另一些人则听凭惰性的摆布，任由自己被懒散的习惯牵着鼻子走，从来不想改正，不思进取。

要想彻底解决惰性问题，我们不仅需要勇敢地正视它，更要树立起正确的时间观念。我曾经问过很多行动力超强的朋友，为何做事从不拖延。这些朋友的回答毫无例外地指向一个方向：时间有限，人生可贵，万事经不起拖延。

我还曾见过一些人，天天抱怨自己没有出生在条件优渥的家庭，怨恨父母不能给自己提供优越的生活，以至于自己要拼命奋斗数十载，才能稍稍转变自己的条件。他们抱怨起来多简单，可他们不曾想过，一个人年轻时就带着怨恨生活，即便最终改善了自己的生活境遇，可他们怀着怨恨度过的每一分钟，都成了一种煎熬。

"勤奋哥"小张对我说，他从来没有把奋斗、拼搏、努力这些字眼看得那么痛苦，相反，他觉得自己奋斗拼搏的每一分钟，都构成了自己这一生一世的宝贵生命，这让他生出一种幸福、踏实的感觉。

爱 情 篇

　　生活的质量取决于我们对待时间的态度。所以，渴望收获幸福爱情的朋友们，当你们遇到了心仪的人，不能一直在原地等待，不如大大方方地向对方表明自己的心意。需知人生短暂，而人世间又有太多的东西值得我们珍惜。

请给人生涂上色彩

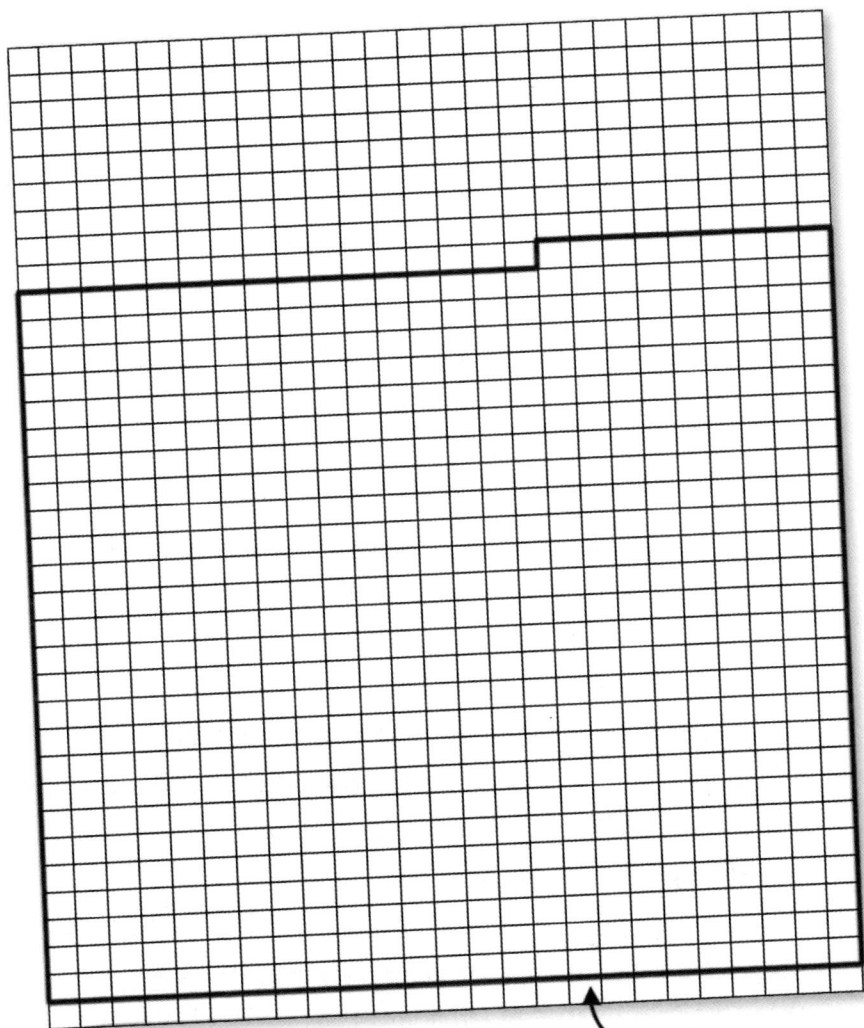

请在此范围涂上颜色

被量化的人生如此短暂，我们还要勉强去爱吗

900个格子的A4纸，如果每过一个月，就涂掉一个格子，那么算算自己还有多少时间去陪伴父母和爱人？刨去学习、工作等内容，留给家人的时间真的不多了。

或许正是因为人生短暂，很多朋友才着急忙慌地安排自己的生活，唯恐慢了一点、迟了一步，就会辜负这有限的光阴。

惜时如金是一种可贵的品质，然而，在我们的人生中有太多的事情并非着急去做就能得到理想的结果。比如，爱情就不是一件急得来、可强求的事。不论人生多么仓促短暂，我们都不可能因为着急，就轻易获得一段爱情关系。人的感情需要培养，而这个过程的长短并非人力可以勉强和把控。有时候，在旁人眼中一双男女很是般配，但这段爱情关系是否需要维系下去，只有当事人才有权决定。

可是，在这个世界上偏偏就有这样一个群体，他们不仅认为爱情关系可以"速成"，勉勉强强的爱情也是可以接受的，毕竟人生短暂，韶华易逝。但我依然要说，尽管被量化的人生如此短暂，我们也没有必要勉强去爱。

在我的老家，有一家与我们相熟十多年的街坊。他们是一对恩爱的老人，待人和气、笑容亲切。每次我回到老家，总要拜访他们。每当我看到邻家爷爷奶奶慈祥的笑容，心中便十分温暖。

有一次，邻家爷爷奶奶与我闲聊，讲起他们年轻时候的故事。老奶奶年轻时是个样貌出挑的美人，而且勤劳能干，奈何就是一直没有遇到中意的人。她在二十几岁时，才遇到现在的老伴，那时候，他也是个"大龄青年"。

相识之后，他们并没有像那个时代里的大多数"大龄青年"那样着急组织家庭，而是经过 5 年的深入了解才携手步入婚姻的殿堂。老奶奶讲，在他们所处的那个时代，女孩子超过 20 岁没有嫁人，就会引来别人的闲话。可她却觉得，来人间一次，还是应该找个性格相投的伴侣才好。她还一再叮嘱我，别觉得女孩子青春短暂就匆匆忙忙地走进婚姻，如果你嫁对了人，一辈子都可以拥有一颗少女心；但如果你急急忙忙地一头扎进婚姻生活中，你会发现，人生中的痛苦又增添了许多。她非常反感现在对青年男女催婚的行为。"正是因为人生短暂，才不能随随便便就结婚啊，不然，那岂不是对自己不负责任。"不得不说，年近 90 岁的邻家老奶奶，思想觉悟真是高。

当然，并不是所有的人都像邻家老奶奶那样，能够以通达的态度看待婚姻问题。在我身边，有很多大龄单身朋友，在择偶问题上抱持着"非诚勿扰，宁缺毋滥"的原则，却饱受被亲人催婚的痛苦。这些朋友的亲人们所秉持的催婚理由，不外乎人生短促，青春短暂，没必要性格投契，只要两个人有结婚成家的意愿即可。

但这种勉勉强强的婚姻关系是否真的幸福，就不在这些催婚者的考虑范围之内了，简而言之，他们要求的是结果。而对于一些单身男女而言，比较在意的却是交往过程。还有很多朋友表示，若是暂时没有遇见那个情投意合的人，那么就趁单身的时光努力提升自己，让自己变得更美好。

就像我的老同学小茜，在几次恋爱无果之后，非但没有自暴自弃，反而更加深刻地领悟到"爱情无法勉强"这样一个至为简单，却又常被人忽视的道理。

作为一位兴趣爱好非常广泛的女孩子，小茜一直热气腾腾地生活着。她曾在线下读书会遇到志趣相投的男孩，可是这段恋爱并没有开花结果。小茜在伤心落寞之余，依然用心过好每一天。她知道，越是青春短暂，越是要把每一天都过得足够精彩。一段时间之后，小茜接受家中安排的相亲，可是通过相亲认识的男孩，最终也没有与她步入婚姻的礼堂。

眼见自己女儿感情受挫，小茜的父母可是急坏了，他们四处托人帮她介绍对象。但是小茜并不着急，更不会因为恋爱受挫就怨恨生活。那一天，小茜在家看电视时，恰好看到电视台播出《A4 纸上看人生》的节目。

看过节目之后，小茜深有感触：自己已经跨过 30 岁的门槛，有喜欢的工作、稳定的收入还有诸多兴趣爱好，但是余生确实不长，而且容貌也不再年轻。既然自己有着坚实的物质基础和丰富的精神生活，又何必为了给父母一个交代，就急匆匆地进入婚姻生活呢？

她又想到，自己刚刚结束了一场为期 6 个月的恋爱，她人生的 A4 纸上要被划掉 6 个格子。尽管失恋是一件非常痛苦的事情，她也因此失眠厌食，可是把失恋这种事情放在整个人生中，就会发现，其实这样的疼痛持续的日子并不算长。关键是，经由每一段恋爱，自己是否有所领悟，有所成长。

看过这个《A4纸上看人生》的节目之后，小茜决定要活出自己的气象，让余生中的每一天都充满乐趣。在此之前，小茜为了让父母满意，像赶场子一样在各个场合结识异性，只为了尽快找到适合自己的男孩，完成父母交给的"任务"。可是，现在她觉得，生活只会继续向前走，它不会因为自己没有准备好就停下脚步等待，所以，她也不该停留在过去那种为了让父母满意就勉强自己的生活状态里。

现在的小茜不困于情，不乱于心，不会被他人的评论所左右，更不会被眼下的生活所局限。她既能活在自己的精神世界里，专注于自己的兴趣爱好，也能在必要的时候走出自己的精神世界，去结识更多的新朋友，扩大自己的社交范围。她不会再像以前那样，与对方交往几个月便想着赶紧结婚，而是学着享受恋爱的过程，并从中找到让自己得以成长的滋养。如果再一次失恋，她也不会像以前那样随便找人抱怨。她想的是，即便生活辜负了自己，也要欢快地唱着情歌。

曾经有个好事者问小茜："你都30多岁了，还没有结婚，你这青春都过去了，难道就不着急，不心慌吗？"

小茜礼貌地笑笑："就算我结婚了，青春也是匆匆逝去，时间也不会停下一秒。爱情求不来，婚姻更是勉强不得，还不如利用好当下的时间，充实地过好每一天。"

还有些亲戚说，哪有女孩子不恨嫁？小茜又是研究话剧艺术，又是与朋友出去旅游，不过是为了打发寂寞的时间，用这些所谓的精神生活来欺骗自己，蒙蔽自己。

对于这些评论，小茜一概不理会。她认为一个人度日有时确实会产生孤独寂寞的感觉，但是她不断丰富自己的精神生

请给人生涂上色彩

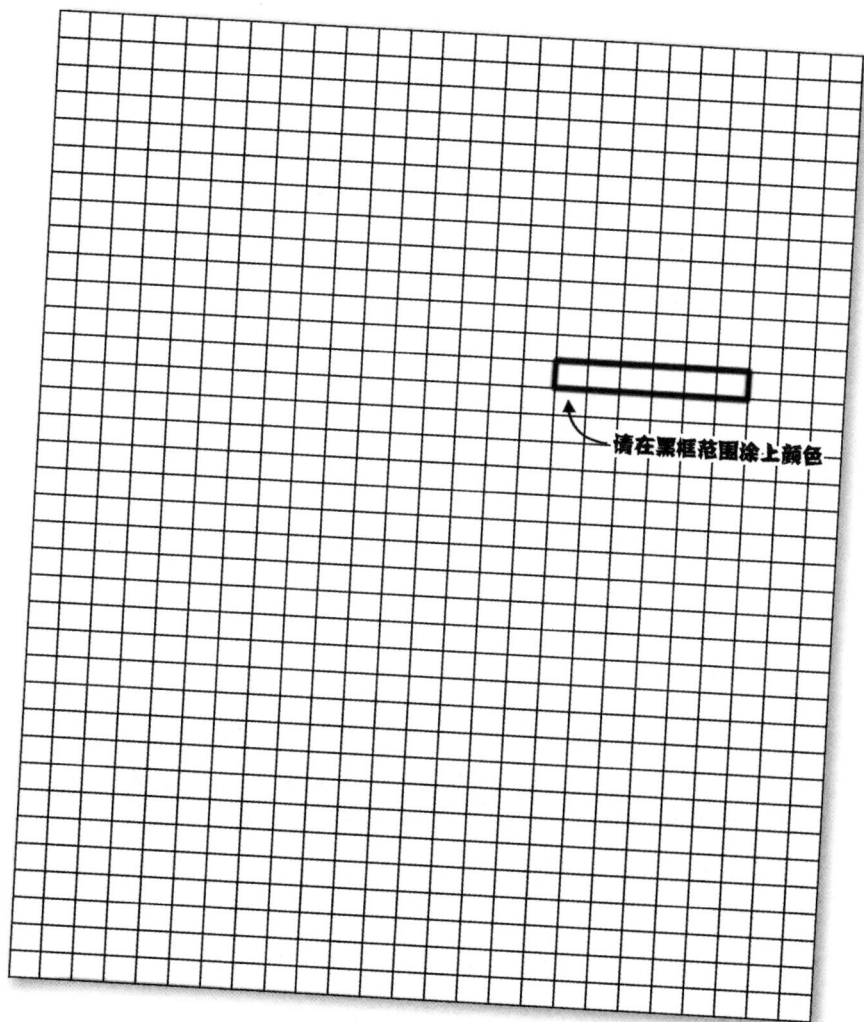

请在黑框范围涂上颜色

活，这种孤独寂寞的感受也就逐渐被淡化了。小茜觉得，人这一生并不是非得通过婚姻生活才能彰显出自身的价值来。在一个人独处的时间里，小茜学会了很多东西，也接触到了更多的新鲜事物。她的父母也终于意识到，爱情婚姻勉强不来，便不再如以往那般催促她。小茜现在过得很好，她说，人生中过去的每一天，自己都有不同的感受。

还有一位叫小娟的姑娘，婚恋经历也很坎坷。小娟的母亲眼见女儿年华逝去，依然形单影只，很是伤怀。可是小娟却说，单身生活并不是大家所想的那般孤寂，反而由于一个人独处的时间较多，能够更深入地倾听自己内心的声音，认真思考未来的人生发展方向。

小娟说，每天下班回家之后，她总会抽出几分钟与自己独处。在这独处的时间中，她每天会对生活进行思考与反省，更好地了解自己，让自己在很多问题上想得更清楚。比如，自己喜欢哪一类的异性、下一步的职业规划、如何给父母更好的陪伴……

现在，已经有越来越多的单身朋友形成一种共识：单身并非浪费时间，而勉强去爱、勉强支撑着婚姻生活，才是对有限人生的浪费。在一段缺少温暖和爱的关系中，我们并不会获得幸福，个人生活质量也没有得到提高，反而因为这段勉强得来的关系而倍觉煎熬。但如果我们把单身的时间好好利用起来，充实自己的头脑、丰富自己的心灵，即便一个人生活，日子也会充满快乐。

我还认识很多大龄单身的朋友，他们非常珍惜自己单身生活中的每一分钟，也不会花时间去哀叹自己爱情之路多么坎坷，而是把时间用在学习、工作、发展兴趣爱好、运动健身等诸多方面。就拿李征来说吧，做完本职工作之后，他就会在一些读书社群进行分享，周六周日则为人提供心理咨询服务，偶尔还会外出学习。虽然单身多年，但是不论在学习上还是事业上，一直都有所获得、有所进步，这就不算蹉跎人生、浪费光阴。大家利用单身的时间进行自我投资，换来的是生活质量的提升以及个人素养的提高。用李征的话来说，要做的事情那么多，怎么会有时间伤春悲秋、感叹自己单身生活过得艰辛呢？

美好的人生过于短暂，而时间过得又总是那么快。有些人，在涂掉大半张人生的A4纸之后，收获到的是温馨的婚姻生活；另有一些人，他们在自己人生的A4纸上收获到的是人生阅历。或许你已经成家，膝下有个顽皮可爱的孩子；又或者你像小茜那样，尚未找到携手共老的另一半。不论你是哪一种情况，请你一定要记得，尽管人生短促、青春易逝，可是爱情婚姻毕竟也无法勉强，只要过好当下的每一刻，你的生命便绚丽如花朵。

不想要将就的婚姻，那么就坚定你的爱情理念

艳凤是一个刚满 30 岁的女孩子，在老家从事普通的工作，每个月拿着刚刚好的工资，没有什么太大的压力，也不曾有什么沉重的烦恼——如果抛开婚恋问题不说的话。

如同大多数小县城的父母一样，艳凤的父母为了女儿的婚事也操碎了心。他们不仅频频安排女儿相亲，还经常抛出自己的婚恋观，试图劝说女儿接受他们相中的人选。

可是，爱情毕竟是一件非常私人化的事情，它与现实条件有关，但在某种程度上又无关现实。对于爱情婚姻，艳凤有自己的理念。她认为，婚姻生活里本就是一地鸡毛，如果双方并非感情深厚，那么将来共同生活时必然会困难重重，所以，将就的婚姻不会幸福。

话虽这样说，可是眼见着青春年华一天天逝去，时间不等人，曾经淡定如菊的艳凤，不免也会因为爱情生活的缺失而苦闷。无论自己对爱情多么憧憬，奈何就是一直没有遇到自己喜欢同时也喜欢自己的人。无奈之下，艳凤接受了父母的建议，与父母相中的一位小伙子组建家庭。

婚后的生活没有什么波澜，但也欠缺温暖。两个生活在同一屋檐下的人，不过客气相待，既没有什么生活矛盾，也没有

什么共同语言。艳凤的父母啧啧称赞："这才是安稳的生活啊。"然而艳凤的心中异常憋闷、委屈，她总是觉得，自己的婚姻是为了给父母交代，哪里有什么幸福可言？更何况这样将就的婚姻，不过是消耗自己的生命而已。每一天，她面对的都是自己并不喜欢的人；每一分钟，她都在为自己当初草率的决定后悔不已，然而后悔也没有什么意义了。

其实，艳凤这样的情况是比较普遍的。正是因为时间匆匆不等人，那些没有遇到合适对象的年轻人，才迫于时间和世俗的压力匆忙进入婚姻生活，误以为这样就算对得起父母。但是大家想过没有？不论我们在没有合适对象出现时选择单身，还是与一个毫无感情基础的人完成结婚这种"任务"，时间都不会停下一秒，也不会慢下一分。既然如此，为何我们要违背自己的意愿，选择将就的婚姻呢？世上没有任何力量可以与时间抗衡，都说"爱情恒久远"，但真挚的爱情也抵不过永远向前的时间。不过话虽这样讲，最初选择的那份婚姻关系，是我们自己主动追求，还是被动接受，依然在极大程度上影响着我们的幸福感。

没有谁喜欢被人强迫进入一段关系，如果你不想要将就的婚姻，那么就请坚定你的爱情信念，在单身的时候也别忘记努力提升自己，并且牢记不论单身还是结婚，都不要停下自己前进的脚步。

前几天，我收到小宁姑娘的婚讯。其他几位朋友得知小宁姑娘即将步入婚姻殿堂时，有些人送上真挚的祝福，有些人却酸溜溜地说："都 30 多岁了，还能找到一个条件那么好的结婚对象，小宁可真是不简单。"说这话的人，此时恰逢失恋，难免对别人的幸福有些眼红。

但是我知道，小宁有过长达 4 年的单身期。在单身的日子里，小宁从来没有把时间用来自怨自艾，而是用来提升和充实自己。她学习厨艺和设计，有时与友人品茗插花，有时投入大自然的怀抱，用相机记录下最美的瞬间。小宁深知，这一生的青春光阴实在有限，已经逝去的年华也不会重新来过，所以更应该珍惜当下的一分一秒，让自己的每一天都过得有滋有味。

在婚恋问题上，小宁有自己坚持的原则，她不愿意把自己宝贵的爱情随便交付给别人。她说，心这个东西很珍贵，给对了人便会幸福一生，给错了人便是耗费了自己的情感，也浪费了自己的时光。

所以这些年来，任凭家人如何催促，小宁也依然坚持自己的信念毫不动摇。总而言之，她不要将就的婚姻。

在小宁单身的那些日子里，也有男孩子走进过她的生活，可始终没有走进她的内心世界。无人可懂她的忧愁，也没有人在意她的欢喜。在这些男孩子身上，小宁没有过任何让自己心动的时刻，她也从没有袒露过自己的心扉。

小宁的姨妈说："没有心动的感觉也无妨，能够结婚过日子就好。"

小宁的姑姑说："你们年轻人谈恋爱真累心，非得要什么心灵共鸣啊？柴米油盐一辈子，能将就着生活就挺好了。"

小宁的同学说："咱们全班同学都成家了，可就剩下你啦，你就别谈什么志趣相投了，想想自己的年龄，再不嫁人，就真的没有任何优势了。"

对于这些所谓的"善意"，小宁只是微微一笑，她也曾因此伤感。不过，这种感伤的情绪并不会持续太久，小宁便又带着热情投入到眼下的生活之中，专注地工作，乐呵地安排着业余时间。她每天晚上临睡前都抽出一个小时来读书，每天清晨早早起床后便在小区里跑步健身。

对于小宁而言，单身的日子并不孤独寂寞，她有自己的朋友圈子，有自己热爱的事业，所以单身日子里的每一分钟都是一种难得的人生体验。她觉得，单身的日子里，每天认真对待自己最重要。这种认真对待自己，不仅要打扮得漂漂亮亮，而且要对自己的身心健康负责；不仅要让自己的业余时间丰富多彩，更要不断地充实自己的头脑。

现在，不将就的小宁也终于遇见了真爱，并且即将步入婚姻生活。小宁的朋友们都认为，她之所以嫁得好，是因为运气好。但是，如果她在单身的日子里不曾努力地工作，满怀热情地生活，又如何能拥有这样的运气呢？而且，我也不认为一个人嫁得好就与她的运气有关，甚至，女孩子的容貌也并不是嫁得好的先决条件。小宁的伴侣就表示过，像小宁这样在婚姻问题上不将就、真正注重生活品质的女孩子，也对自己的人生负责，与她共度的每一天，都能感受到她对生活的满腔热情。

自从见证了小宁的爱情故事之后，我越发相信，能够把单身的每一天都安排得无比精彩的人，能够坚守自己的爱情理念不动摇的人，更容易获得幸福的爱情。"不将就"是一种人生态度，更是对个人时间负责任的体现。一个真正珍惜时间的人，不会因为自己单身与否而虚耗时光。我见过很多已经成家的朋友，他们并不会因为完成了这项人生重大使命就放松对自己的要求。比如我的朋友，同行的孙老师，已是两个孩子的母亲，每天坚持读书写作，已经成为小有名气的自由撰稿人。她说她比以往更懂得合理利用时间的重要性，还劝告尚未结婚的朋友要趁着单身安排好自己的时间，让生命中的每一分钟，都成为自己持续成长的原始资本。

　　时间把我们从懵懂少年变成了成熟中年人，时间还会继续推着我们走，直至我们光洁的额头生出皱纹，往日的青丝点染得白如霜雪。如果选择将就的婚姻，或许能够与伴侣一生相守，可步入晚年之后也会生出些许悔意，恨自己当初为何没有坚持立场，而是被动进入一段婚姻关系。

　　就在写下这个故事的时候，艳凤对我说，她想清楚了，决定结束这段既没有爱情也没有温暖的婚姻。艳凤说，把单身的日子安排好了，不是浪费光阴；与没有爱情的人进入将就的婚姻，才是对宝贵时间最大的亵渎。

爱情关系里也需要一些成本意识

我在网上看到个段子，觉得特别有趣。

某天，一位妙龄少女找到情感专家进行咨询："如何能让对方一生对我不离不弃？"情感专家哈哈一笑，说："那你就让对方多多付出，他付出得越多，越舍不得离开你。"

这位情感专家一句话就道破了爱情关系里的沉没成本：投入越多的那个人，越不愿意放弃这段感情。于是，我们就会看到生活中出现的一场场苦情画面："我为你付出那么多，你怎么可以转身离开？"

不仅爱情关系里是这样，在其他方面也是如此。想必大家深有体会，我们在某件事情上投入的精力和情感越多，我们就越难从这件事情上抽离出来。记得我十几岁的时候，特别喜欢集邮，几乎好几年的时间都花在了集邮上。某天，我的集邮册被亲戚家孩子偷偷拿走，并且又无法追回，这时我的内心非常痛苦。这正是因为我在集邮这件事上投入了诸多情感与精力。

不过，集邮册不见了，我还可以从头再来，无非是为了投入其中的情感和时间而心痛。东西丢了，再买新的，这也是我们通常的思维模式。只是，到了爱情关系之中，我们可能就不会这么理智了。有很多人明知道对方一次次地做出对不起自己的事，一次次地伤害自己，却依然舍不得转身离开。于是，一年年光阴过去，舍不得离开的那个人一直郁郁寡欢，既得不到伴侣的关爱，也无法及时断开这段已不幸福的爱情，再去寻觅人生中崭新的春天。

这正说明，由于我们在爱情关系中缺少成本意识，所以很容易蹉跎了时间。在爱情关系里投入得越多，一旦面临分手时在主观感觉上会认为自己失去得越多。于是，为了避免损失，我们就会尽力挽回这段爱情。但这并不是明智之举，我们口中所说的"舍不得"，其实并非舍不得眼前这个人，而是放不下自己之前投入的金钱、感情和时间。只是，在这种来回的挣扎、撕扯和挽留中，我们耗费的时间和精力只会更多，感受到的痛苦只会更深。不仅如此，那种"斩不断，理还乱"的情感关系，还会影响我们开启人生的下一个阶段。

我有位相熟日久的朋友，目前在北京发展。几年前，他结识了一个活泼外向、爱玩爱闹的女孩子。两人正式成为情侣之后，这位朋友却渐渐发现，他与这个姑娘并不合适，他们不论是在三观还是在兴趣爱好上，都截然不同。当然，由于朋友认为这并不是爱情关系中的主要矛盾，他依然在这段感情中持续投入了自己的情感，并且为了协调两人的关系付出了大量时间。

朋友说，他是一个理性多过感性的人。可令他困惑的是，为何他已经深切地感受到自己在这段感情中越来越痛苦，却依然难以与对方分手。从前，他们偶尔会因为生活琐事而怄气，现在，他们不仅天天争吵，甚至还会相互摔东西。对他而言，两人在一起的时间里，他感觉自己如同置身牢笼。

我这个朋友被这段感情关系折磨得疲惫不堪，但他又说，大概是因为自己还深爱着对方吧，所以迟迟不愿分手。说得自己仿佛情圣一般，实际上，他无非是被爱情关系里的沉没成本影响了判断与决定。他不曾考虑到，缺少成本意识将对自己的现实人生产生多么重大的负面影响，而这种负面影响又着重体现在他为了维系爱情关系而耗费掉了珍贵的时间。

这几年间，我这位朋友始终在不计成本地付出而没有及时止损，在无休无止的争吵中，他并没有把感情中存在的问题给解决掉，反而因为感情的不顺遂影响了日常的工作和生活。曾有一些关系不错的朋友劝他：不适合自己的感情，该结束就结束吧。可他并没有选择放手，虽然并不像当初那样继续投入情感，却也在这段糟糕的爱情关系里耗费了太多的时间。待他们两人终于分道扬镳，这位毫无成本意识的朋友蜷缩在自家的一个角落里号啕大哭。他说，他并不是为了付出的情感与金钱而难过，而是因为这几年的时间匆匆流逝，却觉得自己什么都没有抓住，谈了一段没有任何结果的恋爱。他之所以如此痛苦，正是因为逝去的时间回不来。

或许，你会觉得这位朋友不够理智，如果具有足够的理智，那么便能及时止损，也就不会浪费几年光阴在一段让自己身心俱疲的恋爱当中。但至少他已经从这段充满挣扎和煎熬的爱情关系之中脱身了，虽说逝去的时间无法挽回，可他如果能够从中吸取教训，过好以后的人生，那么这段爱情于他而言，倒也不算是一场悲剧。

最怕的就是，我们不带有任何的成本意识，在一段爱情关系里为对方持续投入着。这样一来，不仅丧失了自我的独立人格，更会失去宝贵的个人时间，丧失掉自我成长的机会。

我的表妹晓梅也是一个缺少成本意识的人。她认为，既然有缘与伴侣在一起，那么就应该全心全意地付出。在与伴侣相恋的三年岁月里，晓梅几乎没有个人时间：她的小姐妹会利用闲暇时间读书、写作、健身、旅游、进行公益事业，可是，晓梅的个人时间几乎全用在了照顾伴侣上。她说，家务劳动全是她利用个人时间做完的，而她的伴侣从来没有打理过家务，甚至连洗衣机都没用过。

几年时间下来，晓梅的伴侣加薪、升职，成为行业里备受瞩目的新星。晓梅却在原地踏步，拿着三四千元的月薪，牺牲掉个人时间来换取伴侣安心工作的状态。最初，晓梅的伴侣对她的付出充满了感激；但是，当两个人在能力、收入以及发展前景上不再势均力敌时，晓梅便成了不折不扣的"弱势群体"。更可怕的是，她对此丝毫没有意识，她投入大量的个人时间，最终却换来伴侣冷淡的"分手"二字。

表面上，晓梅没有为对方投入大量金钱，似乎损失不大。也有一些亲朋好友劝她说道："还好你没有为他花过钱，趁年轻，还可以再找一个更好的男孩子。"可是，晓梅牺牲掉的时间难道不比金钱更可贵吗？这些一去不复返的时间，原本可以成为她努力工作、提升自我的资本。

可见，在爱情关系中，缺少成本意识是多么不明智的行为。诚然，在一段爱情关系中，我们出于为对方考虑而付出一些并不为过。但是，付出也是有底线的。晓梅的伴侣提出分手时，晓梅泣不成声，她认为一定是自己哪里做得还不够好，并一再表示无法割舍往事。可她哪里明白，不割舍旧日的自己，又如何能够迎来崭新的生活？爱情关系的破裂，给了晓梅致命一击，她大半年一直沉溺在痛苦之中，过得毫无意义。

还有我少时的玩伴张莹，也是因为不计时间成本，而导致自己的人生进入了恶性循环。张莹与男友小王相恋多年，已经到了谈婚论嫁的阶段。但是，就在张莹与小王准备订婚的时候，两人时常发生争吵，甚至有几次还大打出手。很显然，他们的感情已经不是当初那般，也并不适合进入婚姻生活。

可是，张莹明确表示自己舍不得分手。她说，五六年的时间都用在对方身上了，怎么能就这样轻易放手呢？难道张莹真的执着于这五六年的感情吗？其实并不是。她只是纠结于为对方付出感情的同时，也投入了大量的时间、精力等。正是张莹缺少成本意识才会如此。为了挽回关系，张莹又投入了更多的时间，甚至还放弃了单位提供的研修机会。她认为，如果在关系冷淡期，自己前往外地研修，那么两个人的关系岂不是彻底完蛋了。可即便她付出这么多，终究也没有留住对方。当小王不辞而别时，张莹说她感觉失掉了半条命。如果当初意识到两人关系破裂，能及时止损，张莹也不会像现在这样痛苦了。更重要的是，她花掉的那些时间才是最可贵的财富，因为时间的特性便在于它无法蓄积、无法取代，并且无法失而复得。

《小王子》里有一句话很经典，也很戳人心："正是因为你为你的玫瑰花费了时间，这才使你的玫瑰如此重要。"有些人舍不得放手，不过是因为自己投入了太多时间，可是，你愿意看到自己的人生被一段已经枯萎的爱情拖累吗？

很可能，在大多数朋友看来，爱情关乎感性，与理性无关。但是我认为，只有在爱情关系中保持一些理性，具备一些成本意识，我们的爱情关系才能健康地发展下去，我们的人生也会因为及时止损而不至于一败涂地。

A4 纸上的格子，便是你的爱情损益表

我这里所说的"爱情损益表"并不是那种与伴侣斤斤计较自己付出多少、得到多少的小算盘。我所说的"爱情损益表"指的是我们在一段爱情关系里得到了怎样的成长，发生了哪些改变，它直接指向我们内在的状态。

如果我们在一段爱情关系中并没有在内在状态方面得到成长，没有比之前在思想上和情感上更加成熟，那么这一段感情也不过是人生中的苍白时光，毫无亮色可言。如果在一段爱情关系中，脾气变得更差了，戾气更重了，人也不再像从前那样阳光开朗，那么就意味着我们是爱情关系中被损耗的那一个，至于这段感情是继续坚持还是及时放手，就看自己如何选择了。继续坚持，很可能会被对方无休止地榨取；及时放手，则由于迅速止损，避免了在对方身上继续浪费自己的时间。

或许，有些朋友在看到这部分内容时，会极不认同我的说法，并认为我这个人太过现实。那么，大家不妨听一下我朋友张先生的故事，说不定会赞同我上面说的话。

我的朋友张先生高考那年发挥得特别好，最后来到北京的一所高校继续读书。在开学之前，老同学还到他家中为他庆祝，祝愿他前程似锦，能有一番作为。

用张先生自己的话来说，他是一个出生于小地方的小男孩，除了努力学习，别的一概不懂，他只想通过努力学习，争取留在大城市里。大三那年，一向闷头学习的张先生谈恋爱了。第一次坠入爱河的他，就连与老同学聊天时，话里话外都是那个女生。我们以为，说不定几年之后，我们这些老同学就要喝张先生的喜酒了。但张先生并不知道，这段恋爱对他的消耗有多大。

初次恋爱的张先生对女友言听计从，因为他觉得自己是男生，理应事事让着对方。但他浑然不觉自己原本应该用来学习的时间和精力，都耗费在了对方身上。作为一个向来按时完成作业的好学生，张先生本应提交的课程论文却一字未写，只因他要陪对方外出散心；作为一个来自贫寒家庭的有志青年，张先生把自己平时做兼职积攒的钱，都用来讨对方欢心。以前，张先生的身影经常出现在图书馆里，可自从恋爱之后，同学们有要紧事情都找不到他。某一天，张先生恍然发觉，自己的功课为何落下那么多，积攒的钱为何越来越少，这时候他拿定主意，要与对方商量一番。作为在校生还是应该以学业为重，他说他已经付出了很多时间，而原本这些宝贵的时间可以用来学习和打工。

好心规劝的话，对方完全听不进去。而在接下来的日子里，张先生平静的校园生活被彻底打破。那个女生大概觉得自己受了委屈，于是她不分场合地攻击张先生，以至于很多不明真相的同学误以为张先生做了对不起人家的事情。

我印象特别深刻，某天晚上，自己正在宿舍里看书，突然就接到了张先生的电话。作为老同学，我也只能安慰他几句。没想到，第二天我就从其他同学那里得知张先生对对方大打出

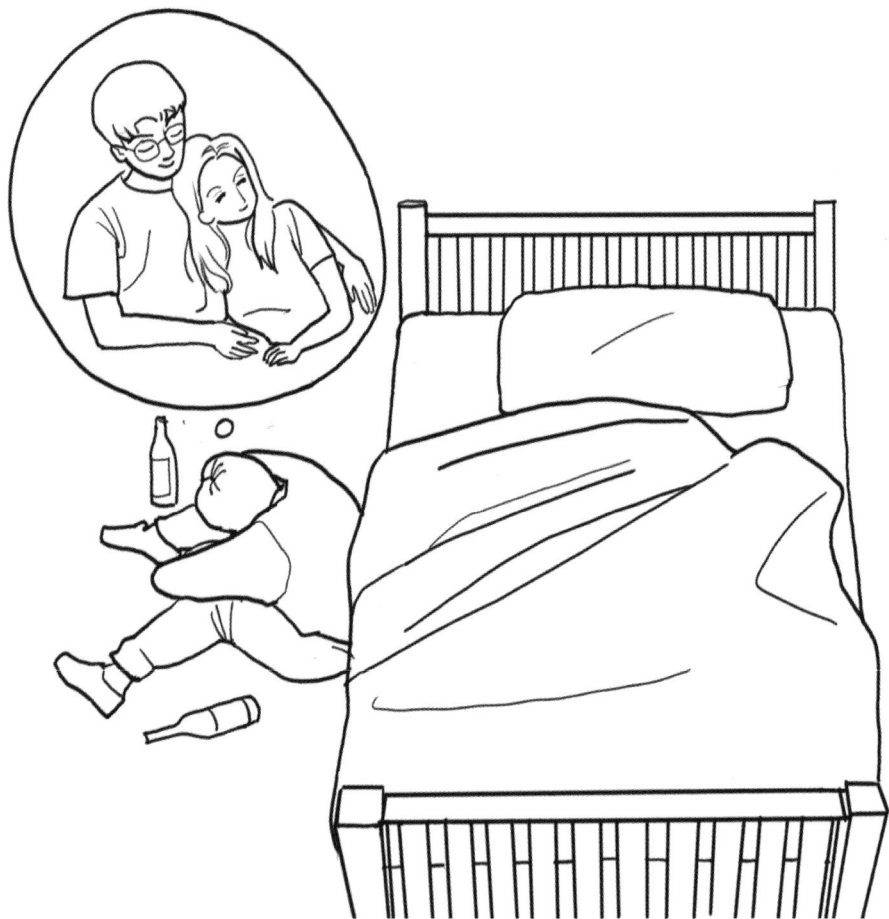

请给人生涂上色彩

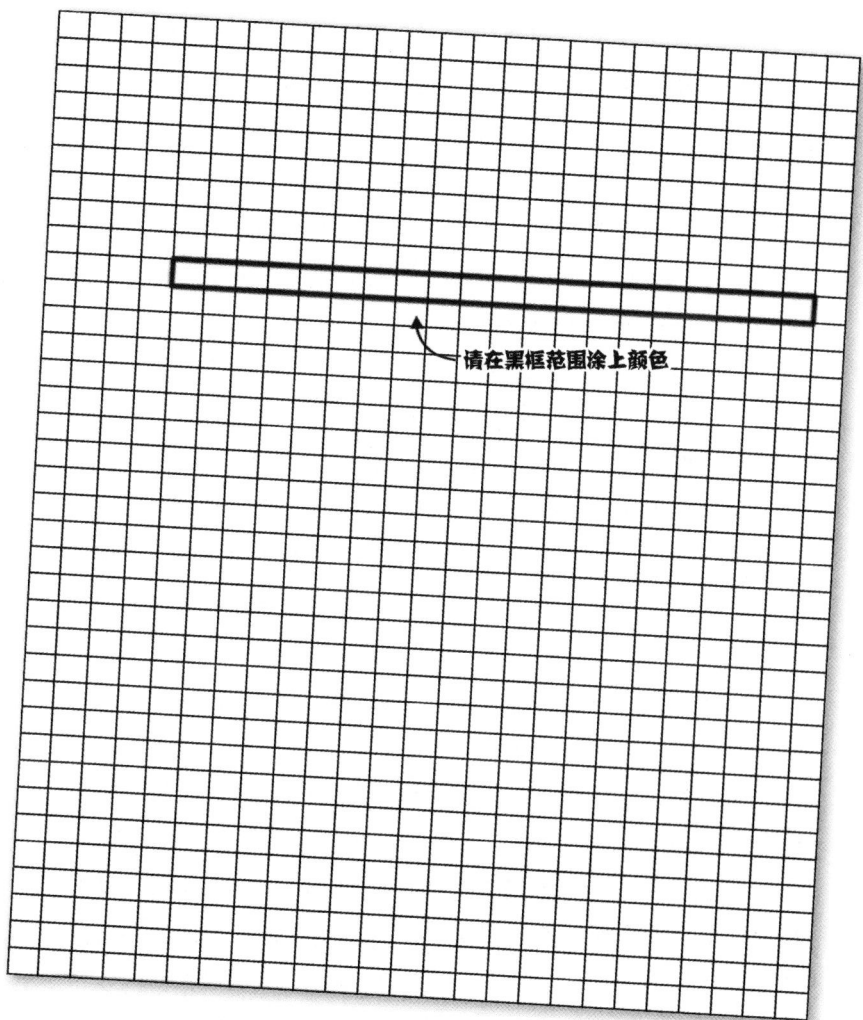

请在黑框范围涂上颜色

手的事情。

对于我的老同学张先生来说，这是一段极其糟糕的恋爱关系。不仅是对方以恋爱为名，花光了他积攒的生活费，更要命的是，张先生在这段糟糕的关系中花费的时间，再也无法挽回了。

如果用A4纸上的格子为张先生的恋爱时间成本算一笔账，那么应该是这样的：他从正式确立恋爱关系到摊牌分手，整整过去了半年时间，所以要在A4纸上划掉6个格子；从分手之后备受对方骚扰，到大学毕业彻底不相往来，又用掉了13个月，那么就得划掉13个格子。粗略一算，张先生人生中的20个月，用在了一段被人消耗的感情关系中，除了时间被严重浪费之外，被对方屡屡打压，在精神上也饱受煎熬。

正如俄国文学家屠格涅夫所说的："没有哪一种不幸可与失掉时间相比了。"张先生最大的不幸就在于被对方榨取了太多个人时间，而他原本可以用这些时间去做其他更有意义和价值的事情。

通过这张爱情损益表，我们就能够非常直观地看到，这段糟糕的恋爱关系给一个人带来了多么巨大的损失。不过，值得庆幸的是，张先生在之后遇到的爱情，就比之前这段要可靠许多。

大学毕业之后，张先生留在北京的一家小公司，每天忙忙碌碌。他有心考研深造，可又不愿继续用父母的钱。这一年的秋天，张先生因为参加朋友聚会，偶遇一位感觉很不错的女孩子。但张先生回想起之前那段糟糕的恋爱关系，回想起自己被消耗、被榨取的每分每秒，一直心有余悸。最终，是这个女孩子率先展开"攻势"，并且两个人给恋爱磨合的过程规定一个期限。因为一旦磨合期拖得过长，就很容易使得双方在时间、精力等各方面造成损耗。在有限的人生中，这其实是一个蛮不错的恋爱观念。

真正相处之后，张先生发现，这个女孩本身有着众多爱好，但她从来不会强迫张先生牺牲个人时间来陪自己逛街。她说，最好的爱情是两个人相互扶持、共同成长。有了之前的恋爱经验，张先生也颇认同这样的恋爱模式：有了问题，双方共同解决，而不是无休止地相互消耗；尊重彼此的时间安排，在工作时间里不要过分地干扰对方。

在此后的时间里，张先生与女友也会因为一些事情发生争吵，但这只是一种比较激烈的沟通方式，为的是解决某些问题。而在绝大多数的时间里，张先生感受到的是对方给予的关怀和理解。某一天，他在同学群里与大家说起最近的生活，颇有感触。他说，经历过错的人，才知道对的人是什么样子；被糟糕的关系损耗掉了一段宝贵时间，才知道如何发展良性的爱情关系，可以在眼下的每一分钟都充满了对未来生活的期待与展望。

后来，张先生与这个姑娘携手走入了婚姻生活。他们相处了两年多，这段时间如果呈现在人生的 A4 纸上，便是 24 个格子。在这段时间里，张先生如愿考取了研究生，而他的女友则升了职；他们领养了一只流浪猫，两人都成为动物保护组织的义工；两个人的业余时间安排得多姿多彩，他们一起攒钱，牵手旅行，共读一本书，然后交流彼此的感想。他们积累下两人的共同财富，比如共同读过的书籍、看过的影片、共用的银行卡和存折。由此可见，在这段爱情关系中，不论是张先生本人还是他的伴侣，都实现了内在的成长。婚后多年的某天，张先生对我们这些老友说，现在他们过得很幸福。

曾经，我们以为，一个人日后能够取得多大的成就，与许多外在因素有关，比如人生际遇、工作环境等，但起到更关键作用的还是个人主观因素，比如持之以恒的精神、积极乐观的心态以及顽强的毅力。

但是，我们忽视了其他较为关键的因素——我们选择了怎样的伴侣以及有过怎样的爱情经历。如果说，有什么成为我们成长路上的拦路虎，那么除了外在因素和主观因素，也有可能是我们选择了一个消耗我们、榨取我们的错误对象。

所以，我真诚地建议，大家在 A4 纸上创建一张爱情损益表，这样便一目了然，看看在一段关系之中，我们是收获的时刻更多，还是被耗费、被榨取的时候更多，帮助我们早日远离那些消耗我们时间的错误对象。

好的爱情，都需要与时间和解

在我们小区里住着这样一对老夫妇：每天清晨，他们都会相互搀扶着在小区里散步，有时候去市场买菜，也会手牵着手慢慢地走。

很多街坊邻居都说，在这样一个浮躁喧嚣的时代里，像这样美好温柔的爱情可是不多见了。还有一些小年轻，和老夫妇打过招呼之后，便向要他们请教"爱情保鲜法"，说是要学习学习。可老夫妇却摆摆手笑着说："哪里有什么秘诀传授给你们呢。"

可能是老爷爷被人缠得有些心烦了，只好无奈地点头道："你们年轻人所说的那种幸福爱情，确实得之不易。因为很多人爱着爱着就腻了，可是我们却与时间和解了。不论我与老伴共同度过了多少个日夜，我也试着营造那种两人才刚认识的感觉。"

没想到，老爷爷还是个挺浪漫的人，这番话说得还蛮有哲理的。

有多少男女，在坠入爱河的初期巴不得每一分、每一秒都与对方在一起。可是，待步入婚姻生活之后，又巴不得能有更多的独处时间。有人说，距离产生美，哪怕是夫妻也要适当地保持距离。不然，走得太近，就会产生各种矛盾，曾经的感情也就淡了。可老爷爷却认为，真正让爱情变得寡淡的并不是距离，而是时间。

其实，任何一种关系在时间的消磨中都会失掉最初的光彩。两个人初在一起时，似乎总有说不完的话，待到后来，每天都重复着昨天的生活，每一年都重复着过去的自我，难免会让人感觉乏味。所以说，爱情并不是败给了时间，而是败给了无休止的重复。而所谓"与时间和解"，无非就是告诉我们，不要因婚姻生活漫长而觉得乏味，要在这漫长的岁月中让自己活出别样的光彩。时间不一定会把爱情摧垮，如果我们给自己一些时间，它反而会推动我们在婚姻关系中进一步成长。

家住北京的张阿姨是我的忘年交。她曾对我说过这样一番话："不要把时间和精力都放在那些生活琐事上，应该关注自己的发展以及双方的成长。"

这位张阿姨年轻的时候曾经跟随爱人前往边疆，共同参加边疆建设，扎根边疆十几年后，他们夫妇两人又调回北京。可是，张阿姨由于长年在边疆艰苦的环境中工作，落下了一身病痛。有人不理解张阿姨的做法，其实她完全可以待在北京，不必跟随爱人远去边疆的。张阿姨却这样讲："对我来说，爱人不在身边的日子，实在过得艰难。考虑到自己的工作问题以及家庭稳定问题，我明知道边疆条件艰苦，可还是要去的啊。"

站在张阿姨的立场上来看，她在意的不仅是家庭的稳定，更是两个人的共同成长。青年时代，张阿姨就读过很多书，非常有思想。在步入婚姻之初她就明白，打败爱情的不是两个人之间习惯的差异，而是无涯的时间。你想想看，在长时间的相处中，两个人每天聊的都是生活中琐碎的事，每次起争执都是因为家庭中鸡毛蒜皮的事，几十年的岁月里，难免不会因此而冷淡、生疏。所以，张阿姨觉得，不论最初多么美好的爱情，终究都会败给时间，但好的爱情却可以与时间和解，而要获得好的爱情，必然要让自我在这段爱情中保持成长，最好能够实现双方的共同成长。

扎根边疆、支援建设的那段艰苦岁月反而是张阿姨与爱人最幸福的一个时期。那时候，他们新婚燕尔，如胶似漆。而张阿姨的人生智慧也正在于，她从踏入婚姻生活的那一刻，从没有停下充实自我、丰富自我的脚步，一直到老。年轻时，张阿姨向边疆地区的少数民族同胞学习民族舞蹈，那跳舞的姿态极富表现力；中年时，张阿姨利用空闲时间，把她与爱人当初结婚的照片做成了一幅刺绣作品，当作两人结婚30周年的礼物；晚年时，张阿姨的身上丝毫不见迟暮之感，她与老伴研究起了植物学，在家种种花草，学习插花，日子过得芬芳清雅。在别人的婚姻生活里，几十年的时间足以耗尽两人最初的激情。可是，在张阿姨这几十年的岁月中，她却活出了优雅如兰、独一无二的自己。

张阿姨的老伴也动情地说过："我觉得我们家老太太真了不起，记得刚结婚那时候，她就特别会经营生活。每隔一段时间，我都会对我家老太太产生全新的认识。"看得出来，张阿姨与老伴很恩爱。

实际上，不仅张阿姨本人在用心经营生活，她的老伴同样也很重视婚姻生活中的细节和个人的成长。张阿姨曾讲起，他们刚刚来到边疆生活的时候，她老伴什么都不会做，自己在忙于工作的同时，还要兼顾家务。可是没过几天，她老伴就利用极为有限的条件学会了几样拿手好菜。张阿姨当时很惊讶，她老伴却得意地说，假如给他足够的时间，他肯定做得比现在还好。

在他们几十年的婚姻生活中，这件小事一直深刻地印在张阿姨的记忆中。她说，这几十年的婚姻，他们始终甜蜜如初，很大一部分原因在于他们都愿意为了对方花费时间和心思。在别人的婚姻生活中，时间极有可能成为淡化两人感情的"终极杀手"。可是，时间不仅没有淡化张阿姨夫妻的感情，反而给了他们充足的成长机会。

知乎上有一个热门的问题："时间是不是爱情最大的敌人？"

在这个问题下面，众位网友各抒己见，畅所欲言。有人说，时间是婚姻的敌人，因为婚后生活太过琐碎，人一旦长时间地处于烦琐的生活中，满心的热情就会被消磨掉。还有人说，时间是世上一切万物的敌人，因为时间能够带走一切，不论爱情还是其他，都无一幸免。

但是，在这个世界上也有些人和事打败了时间。在这个问题下面，有位网友分享了一则"从校服到婚纱"的爱情故事。故事中的男女主人公从高中时期就是同班同学，他们共同走过懵懂青涩的少年时期，逐渐变得成熟与理智。虽然，他们也曾经短暂地分开过，但深思熟虑之后，又再次牵起了对方的手。时间没有把他们分开，而他们也利用这 10 年的时间，把自己变成了更美好的人。

可见，美好的爱情并不会败给时间，而那些懂得经营爱情、自我成长的人，则会在生命中的每一天都有与昨日不同的蜕变。

900 个月的人生中，你打算如何经营爱情

随着《A4 纸上看人生》在网络上火爆，越来越多的人开始对自己的人生和每一天的时间进行反思。于是，在知乎、微博等各大门户网站上，陆续出现了探讨此类话题的文章。在众多的文章中，有一篇关于如何在有限的人生中好好经营爱情的小短文，引发了大家的强烈共鸣。

文中说，初相恋的两个人满怀的激情和对未来甜蜜生活的憧憬，在解决日常矛盾的同时，也让关系得到了进一步的发展。可是，无论多么美好的爱情，最终都被时间的车轮碾压成碎片，能够恩爱一生的婚姻终归少之又少。可见，要想抵抗时间，就需要两个人共同用心经营一段爱情关系。

爱情的经营，需要我们在较长的一个时期交出真心，付出时间，在这个长时间交付真心和时间的过程中，我们难免会倦怠。加之现实生活矛盾重重，这些矛盾和冲突时刻消磨着我们的耐心，若非真的珍惜对方，恐怕我们早就从这段关系中逃离出来了。

心理咨询师周小宽认为，在一段爱情关系中，平和的心态、感知对方的共情能力以及互补的情商，都比三观一致更重要。如果把周小宽的这段话概括一下，我们便可得出这样一个

结论：在爱情关系以及婚姻生活中，真正需要经营的是我们自己的内在状态，我们要做的是在长久的时间中，经营自己，进而经营爱情与婚姻。

雅静与男友已经相处三四年了，他们同是来自小镇家庭，手头积蓄有限，只得在北京大兴的一处小居民楼里暂时栖身。尽管平日里两人忙于工作，可感情却甜蜜如初，真是羡煞旁人。

某天，一众友人来到雅静家里小聚。酒足饭饱之后，几个小女孩儿向雅静请教关于如何经营爱情的问题。雅静思考片刻后说道："其实我也没有刻意地去经营爱情，我只是不愿意在一段关系里停下充实自我的脚步。"

在日常生活中，雅静除了工作和恋爱，还在空余时间里读书、运动，偶尔做一些小手工，现在又开始学习水彩画。她说，多读书、多学习，不仅能够提升自己，更能够在爱情关系中保持一些新鲜感。

"要想让对方长久地爱着自己，首先我得狠狠地爱自己，让自己活出精气神儿。"雅静说。而她口中的"爱自己"，绝非给自己买品牌高档货，而是要用充足的知识武装头脑，用高雅的志趣丰富心灵，用持续的运动强健体魄。

可见，雅静说的"爱自己"，是要利用好生命中的时间，不要把时间用在毫无意义的事情上。比如说，你觉得与人东聊西扯很有意思，但这对于自己的内在修养并没有什么提升，不过是徒然浪费时间罢了。但如果，你与人进行比较有深度的讨论和对话，那么你可以开阔眼界，增加知识，这样就是把时间用在了有意义的事情上。没有人能够长时间地忍受另一半肤浅而浮躁，沉下心去充实自己，既是为了让自己的生命更加丰盛，也是为了保持一种向上生长的精神面貌。两个人在一起的时间长了，不能永远停留在过去的状态中，而是应该始终在成长，始终在进步。不然，对方成长的速度越来越快，又怎么肯久久等待原地踏步的你呢？

在恋爱初期，雅静恨不得天天与男友腻在一起，似乎总有说不完的话。然而，随着时间的推移，两人之间的话题越来越少，尽管已经搬到一起生活，可再没有了初时的激情。谁也没有再去聊起新的话题，两人平时说话似乎都不超过5句。雅静也不像以往那样，努力引起双方对某一话题的共鸣。就在这一刻，雅静感觉到他们之间的爱情正随着时间的推移而变得寡淡。

雅静是一个能够在日常琐碎生活中不断发现新乐趣的人，并且她十分乐于分享。比如，单位旁边新开的咖啡馆、小区附近新出现的好餐馆、某个经济节约型的旅游打卡圣地、一本有趣的书，她都愿意与周围的人分享，而她那种欢快、喜悦的情绪也非常容易感染旁人。当雅静意识到，她和男友几乎把所有的时间都用来应付工作以及生活中鸡毛蒜皮的事时，她开始有意识地抽出时间与男友分享她每一天生活中的点滴。

或许是被雅静的情绪感染了，雅静的男友也讲起自己在工作中遇到的难题以及接下来的工作规划，还请雅静给他提些建议。几天之后，雅静和男友之间的爱情再度升温，他们约定每晚休息之前，一定要向对方"汇报"一下最近读了什么好书，结识了怎样的新伙伴，看到了哪些有趣的新鲜事物。这样，他们的爱情生活便一直充满着新鲜感。这大概就是雅静经营爱情生活的"玄机"吧——在两个人共处的时间中，进行有质量的沟通交流，交流的内容能够有一定深度，给彼此带来心灵上的抚慰或一定的借鉴价值，那便最好不过。

有些朋友爱情生活中的每分每秒都充满了煎熬，他们把这种煎熬归因于"两个人相处时间久了，难免会倦怠"。可如果你是一个追求自我成长并且还能够带动你的伴侣共同成长的人，那么你们相处的时间就不会煎熬，而是充满了新鲜与趣味。

大家还记得那部风靡一时的动作大片《史密斯夫妇》吗？在片中，男女主人公经历过热恋，却也因为时间的磋磨而产生诸多矛盾。但最终，在危机出现时，他们想办法共同解决，继而爱情也持续升温。可见，时间虽然消磨掉了两人最初的激情，但相爱的人也在时间中更深入地了解了自我以及对方。

在亲密关系中，时间是一把双刃剑，既给我们带来充分展现自我、审视对方的机会，同时也会带走曾经蓬勃而充沛的激情。可是在我看来，时间是一个好东西，如果我们认认真真地利用而不是随随便便地打发时间，那我们的爱情生活也将被经营得分外幸福。

此外，时间还能帮我们看清对方的人品和双方之间存在的差距。尽管并非人人都能做到通过时间来检视对方、检视爱情，但至少，时间为我们提供了一定的条件。

小薇是一名网络小说作者，她每天的时间都用在看书、看电影以及创作网络小说上。但自从通过表姐介绍，认识了艾新之后，她的日子变得不一样了。最初，小薇认为艾新是一个有上进心的男孩子，两人感情很好。但随着时间的推移，小薇发现艾新对自己的态度逐渐冷淡。为了巩固爱情，小薇付出了很多时间，甚至，几位作者朋友来到她的城市旅游，她都没有去找这些朋友们一起玩儿，只为了抽出时间陪伴艾新。

有一天，小薇身体不适，还伴有低烧。艾新聊天时得知小薇这一天什么都没做，便用十分严厉的语气说："你怎么这么娇气？一天都不写稿，还怎么赚钱？赚钱还能嫌累，真让人服气，你们家里人都这样好吃懒做吗？"

艾新的话彻底伤透了小薇的心，更让小薇感到痛心的是，自己居然为这样一个凉薄的人，投入了大半年的时间。但转念一想，小薇又非常感谢她与艾新相处的这段时间，因为通过时间，她才发现艾新并不是一个值得自己托付的人。于是，小薇很快就厘清了与艾新的关系，并及时止损。

美国管理会计学的创始人麦金西这样说过："时间是世界上一切成就的土壤。时间给空想者痛苦，给创造者幸福。"所以，我们与其在爱情生活中患得患失，整天想着如何才能守住爱情，不如行动起来，让两人相处的时间变得更加充实、新鲜、有趣。爱情经营得好，会为我们的人生带来满满的幸福与喜悦，而我们也可以在这段爱情关系中发展出深层的信赖与依赖。持久而稳定的亲密关系能够让我们在这 900 个格子的时间中获得无限欢喜，这种欢喜将超越时间的局限。爱情是一朵娇艳的花，我们若要这朵花常开不败，必然要花费时间和精力去浇灌它。

要让爱情战胜时间，就需要一些积极的态度

我曾经在网上看到过一个热门话题："等自己变优秀了，再去追求喜欢的人，还来得及吗？"短短几天时间，这个话题的浏览量就超过了 1300 万次。可见，关注这问题的网友数量非常之多。

有位网友用略带诙谐的语气回复道："等自己变优秀了，黄花菜都凉了，估计自己心仪的人也早不见踪影了，爱情与时间本就是矛盾的。"在这条回复下面，大家纷纷点赞。

还有些网友认为，爱情终究无法战胜时间。因为爱情关乎人性，而时间则会让人性中的阴暗面不断暴露出来。

但是，也有些网友认为，爱情可以战胜时间，但这需要我们抱以积极的态度，并采取正确的方法，同时还要随时随地调整自己的心态。听起来这确实太麻烦了。可如果你希望自己的爱情长久地幸福、甜蜜下去，就必然要用些时间，费些心力。

冯唐说："一男一女，两个不同背景的普通人，能心平气和地长久相处，是人世间最大的奇迹。似乎悖论的是，如果想创造这种奇迹，让爱情能长久地对抗时间，第一要素还是要有那些爱情初始时候浓烈的、璀璨的一刹那。"

这样的道理我们都懂，可是，真正能够让爱情战胜时间的

人，毕竟还是少数。如果你最近恰好也在思考这样的问题，那么就不妨听听我朋友宋爽的故事，看看她是如何让爱情战胜时间的。

宋爽是我的一位邻家大姐，她与先生结婚十余年了。在旁人看来，他们是一对恩爱夫妻，但大家不知道的是，在恋爱阶段，宋爽也曾遭遇过"爱情危机"。

那时候，与男友相识一年多的宋爽满心期待风光大嫁，期待着由女孩到妻子这一身份的转变。可是，宋爽的男友不知从哪天开始，频频推脱宋爽的约会，他经常说外面有事，自己很忙，不再像原来那样，每个周末都陪她散步、看电影。甚至在宋爽提议假期外出踏青时，他也提不起兴致，宁愿与老朋友们一起喝酒、聊天、看球赛。

渐渐地，宋爽似乎在这段感情中失去了自我，在生活上她时时处处都想迎合对方，围着对方转，心情会被对方左右。在这样的处境中，宋爽的时间利用率比之前大幅度降低，经常患得患失，会因为男友一句不冷不热的话一直发呆，当她从这种状态中脱离出来时，时间已经过去了 10 多分钟。如果把这些患得患失、郁闷烦忧的时间叠加起来，那么就是两个多月的时间；如果把这些白白浪费掉的时间用 A4 纸上的格子进行量化，那么就是两个格子。

终于在某一天，宋爽顿悟了，这样提心吊胆的爱情不要也罢。她调整心态，不再花心思去猜测对方的心情，而是把时间用来铸造事业的基石。由于之前宋爽久困于情，耗费了很多时间，现在她不得不把一天当作两天用。在忙于事业的同时，宋爽为了排解烦闷的心情，还主动邀请身边姐妹一起出游。

忙于事业和个人生活的宋爽，已经完全没有多余的时间和精力去考虑男友的事情。眼见她活得越来越自我，事业越来越顺利，宋爽的男友坐不住了。他几次三番向宋爽示好，而宋爽根本没有时间搭理他。她是真的没有时间。我至今依然记得，当时正在读大学的自己，趁着暑假假期长，来到宋爽家中借书看。每次我来，都是周末，可她总是埋头做事，让我自己随便选书。我也记得宋爽说，时间不等人，等自己什么都准备好，项目可能就被别人抢走啦。那时的宋爽没有任何社会阅历，只是一个极为珍惜时间的人。

用现如今网络上一句很流行的话来说，你把时间用在什么地方，你就会成为怎样的人。宋爽在爱情受挫之后，成了一个利用一切时间埋头做事，还把生活经营得活色生香的人。她身边的追求者多了起来，她也开始着手解决与男友之间的问题。

宋爽觉得，与男友虽然也发生过感情上的摩擦，但毕竟存在之前的感情基础。她答应了男友的求婚，但她从那一刻直至婚后十几年，再没有时刻黏着对方。不过，这并不意味着宋爽没有用心爱着对方，更不代表宋爽不曾经营这份爱情。她带着积极乐观的心态，投入到柴米油盐之中，她不会为了迎合对方就放弃自己喜欢做的事情。可说来也怪，当宋爽不再黏人时，对方反而主动来关注她。宋爽觉得，维系爱情生活，靠的并不是黏着对方，而是保持自我精神上的独立，同时，要给自己成长的时间与契机。

经过一番长谈之后，宋爽的爱人也非常支持她的想法。他开始培养自己的兴趣爱好，也尊重宋爽追求自己事业和理想的做法。经过此前的"爱情风波"之后，宋爽以更加理性的态度对待爱情，并且迎来了爱情事业的双丰收。可见，在爱情关系中，我们主动投入时间去经营，总好过因对方的某些举动而被动地浪费时间。

　　是的，时间改变着一切，而我们也利用着时间。我们通过时间成长变成更好的人；也给对方足够的时间，等他们在时光中蜕变。美国知名心理学家伊莱恩·哈特菲尔德认为，假如一段亲密关系经受住了时间的考验，那么它最终就会稳定下来，并散发出温馨的气息，他将其称为"相伴之爱"。

放下过去，才能看到未来

英国哲学家席勒曾经说过："时间有三种步伐：未来姗姗来迟，现在像箭一样飞逝，过去永远静止不动。"

时间的珍贵之处便在于，它一旦逝去，就永远不会再回来。所以，我们经常说要把目光放在当下，因为只有当下才可以把握，过去已经逝去，而未来尚远在天边。

但是，在我们身边也存在这样一些人：他们沉溺在过去的岁月中迟迟走不出来。尤其是经历过刻骨铭心的爱情之后，更是被困在了过去，看不到未来，因此也容易与幸福绝缘。恋旧，有时候可以体现出一个人对旧事旧物的珍视；但在感情上恋旧的人，往往难以遇见下一段爱情，从而错过美好的姻缘。

王蕊就是这样一个活在过去之中，而一再错失掉下一段爱情关系的女孩子。

曾经，王蕊有一份非常幸福的爱情，她与男友经历了数年的甜蜜，几乎从未闹过矛盾。可是，再怎么美好的爱情，也没有抵过现实生活中的问题。由于她与男友家庭条件悬殊，最终还是以分手告终。自此之后，王蕊便把自己的整个身心都留在了过去，即便有亲朋好友为她介绍很不错的男孩子，她也一再推脱，说她始终走不出过去的那段爱情。

　　难道过去的那份感情就真的那么完美无缺吗？难道之前的恋人就真的无可挑剔吗？或许只是因为我们失去了对方，而过去的时光已然一去不复返，我们心中才有了诸多留恋。可人毕竟还是要向前看，只是当时的王蕊始终沉浸在过去的时光中，仿佛谁都无法唤醒她。

　　时间如梭。一晃眼几年过去，王蕊身边的小姐妹都找到了各自的归宿，即便有些朋友处于大龄单身的状态中，也获得了事业上的成功。只有王蕊的青春一去不复返，既没有再寻得良配，也没有在工作上获得进展。每次与朋友在一起时，她总会哀怨地说："为什么命运待我如此残酷？"但其实，她身边并不缺追求者。只是她一直放不下过去，自然也就看不到未来。

　　时间不等人，这话说得真对。有些问题，在你纠结如何处理的时候，已经给现实生活造成了极大困扰；有些时光，当你紧紧抓住不放的时候，便已经亲手丢开了原本可以非常精彩的未来。

　　在实际生活中，很多人已经习惯于让自己的身心停留在过去的时光。这并不是因为过去的时光有多么美好，而是他们投入了自己过多的幻想，以至于把过去的时光当成了眼前的安慰剂。王蕊就曾表示过，她觉得过去的时光很幸福，是因为这段已然逝去的人生不论好坏，已经定格，而自己未来的时光却尚不可知，充满忐忑。

　　是的，未来的时光令人遐想，也令人不安。但也正是因为未来还是未知数，我们可以通过把握现在，创造美好的未来。不仅爱情如此，其他事情也是这样。很多人之所以沉浸于过去无法自拔，极有可能是因为对未来充满了惶恐。就像王蕊所说的："未来的人生不敢去想，因为生命中充满了各种变化，这是我根本无法掌控的，一想到未来怎样，我就很痛苦。"

很多朋友放不下过去是因为心有不甘。某位朋友也曾说过，他不肯放下过去，是因为始终想不明白一个问题：凭自己的各种条件，为何喜欢的人会离开自己而选择别人？明明那个男生的条件不如自己。他又说，越思考这些问题，越觉得无解，越难以从过去的爱情中超脱出来。这是一个死循环，带给了他无限痛苦。

实际上，我们根本不必如此。过去的痛苦，请交给时间，因为时间会把过去的一切冲淡；现下的时间，务必珍惜，让今天付出的努力，成为未来美好生活的坚实基础；至于未来，我们应该怀着期待去面对，你怎么能够断定，自己未来一定不幸呢？若是你能够勇敢地从过去中走出来，你的未来人生必然不会太差。敢于割舍过去的人，都有一颗大无畏的心。

那些总是留守在过去不愿走出来的人，往往没有意识到，他们守住了残缺的过去，便意味着放弃了无限可能的将来。当我们把心思和精力都用来缅怀过去，未来的人生就很难被考虑到了。再者说，即便我们每天怀念过去几百遍，走掉的爱人也不会回来，逝去的青春也不会回来，无法再更改过去的那些忧伤结局，除了浪费当下，我们更是荒废了可以把握的有限时间。

现在，王蕊已经接受了现实，她渐渐敞开心扉去扩展自己的交友圈，慢慢放下了对过去那段感情的执念。她说既然无法改变过去，那就期待一下自己的未来吧。可是，我们不能只是满怀期待却什么都不做。如果只是被动地等待未来，那么即便未来到来了，我们又如何能够把它经营好呢？

丰子恺不是说过吗，"不乱于心，不困于情；不畏将来，不念过往"。我们这一生中的900个月大部分被我们用在了学习、工作、自我发展与自我提升上，我们更不能瑟缩在一个小角落里，天天都追忆过去。但也有很多朋友存在这样的情况，在做事情的时候，控制不住自己的思绪又飘回过去。这时候，我们就需要通过一些正确的方法，控制自己的心念。

比如说，把自己每天要做的事情，详细地列在计划清单上。我们分心也好，沉溺于过去也罢，这时候，拿出计划清单。看看还有那么多没有做完的事情，而太阳已经偏西，我们心里多少就会产生一些紧迫感。王蕊之前就尝试过这种方法，虽然很初级，但只要对自己有用就好。

一个人的时间有限，昨天的失落也好，欢喜也罢，都应该留给过去，而不是带到明天。如果他一生都活在过去，那么是很可悲的。如果我们无法将以往的经历彻底抛在脑后，那就看看墙上的日历，想想我们这一生还能剩下多少时间。如同写满字的纸张会被搁置一旁，我们这些过去的岁月，还需要时时记挂吗？

只要想去爱，永远都来得及

不知你是否对自己的生活审视过一番。每一天，我们几乎都是在等待中度过，而我们这一生也是各种等待拼凑而成的。

当我们还是小孩子的时候，我们等待过节和放假；成年之后，我们等待努力之后的收获真挚甜蜜的爱情。我想，人们之所以愿意等待，是因为人们深信，只要付出，必有成果，至少在事业方面，确实如此。不论是那些拥有财富名利的企业家，还是身边专攻某一领域的友人，他们在辛勤耕耘并耐心等待之后，确实收获了人生中的一个又一个硕果。可唯有一点，爱情是等不来的，即便我们付出了心血去浇灌爱情之花，这朵爱情之花也极有可能会凋零枯萎。

在我身边有很多朋友，每每谈及爱情生活，都对其报以随缘的态度，而这种随缘态度的核心就在于等待。于是大家就在等待中度过一天天，女孩子等待知冷知热的白马王子从天而降，男孩子则等待梦中女神的垂青。大好青春年华在等待中悄然逝去，也许在一个不经意间，就错失了一生的真爱。

前不久联系到两三年没有见面的朋友李月，我问起她之前的生活经历，李月苦笑着灌下一口啤酒，絮叨起来。在如愿拿到硕士学位之后，李月回到老家解决了就业问题。按照常理来说，工作稳定之后，便应该考虑个人感情问题了。李月却觉得，爱情这种事情是求不来的，还是随缘比较好。于是，她满怀期待，等待着某一天在咖啡馆或者在书店，遇到一个与自己情投意合的男孩子。

半年过去了，一年过去了，李月期待的意中人依然没有出现。她身边的同事和朋友都劝她，如果已经有了心动的男孩，不如就主动出击，女孩子大胆表白也没有什么不妥。可李月依然抱持着"爱情追不来"的心态，傻傻地期待着某一天奇妙的缘分会降临到自己头上。

虽说感情这种事情勉强不来，但为了自己的幸福考虑，至少也应该争取一下。只是李月似乎失去了这种为自己争取幸福的动力，两三年过去后，她依然孤身一人，而身边的朋友多数已经找到了伴侣，有些还组建起了小家庭。

某一天，李月参加老同学的婚礼归来之后，闷闷不乐地蜷身于卧室里的角落，困顿而迷茫地思考着自己的过往。就在一年前，她在一次聚会中认识了感觉还不错的男孩，那时候她想的是，"女孩子一定要沉得住气，必须等对方先开口"。如今一年过去了，这个文静秀气的男孩已然有了女友，而李月却依然形只影单。热心肠的老同学举办婚礼之前的几个月里也为她牵线搭桥，可由于李月迟迟没有表示，那位男士不知她的想法，便淡了联系。

待李月与我碰面后，她终于吐露出深藏多时的心事。她问道："如果我现在开始勇敢地追求爱情，不再安于等待，我还有希望吗？"我说："只要想去爱，永远都不迟。"

其实在很多时候，我们也像李月那样等待爱情，等待成功。或许，我们等待的这个结果真的会出现，但更多的时候，这只是我们自己的幻想。当我们习惯了通过幻想来欺骗自己，给自己心理安慰，我们便越来越不敢面对真相和自己真实的生活状态。

就像李月所说的那样，她心中暗暗地告诉自己，下次遇到中意的人，一定要鼓起勇气，千万不能这样傻傻地等待丘比特的爱情之箭了。然而，当她与异性朋友了解一段时间之后，依然像以往那样，等待对方先开口。

表面上看起来，李月在爱情上的这种状态与内向的性格有关。但实际上，这属于一种惰性心理。我们在实际生活中，往往习惯于停留在"等待"的状态之中，更可怕的是，我们对这种状态毫无认知。比如说，我们面对一个交往中的异性朋友时，我们习惯说："先等等吧，回头看看这个人是不是潜力股再说。"再比如，当市场风口到来时，我们并没有及时采取行动，而是说："我要等更好的时机，现在还是继续做之前的事情吧。"这些借口说得多了，连我们自己都会坚定地相信，自己没有好的爱情和亮眼的成绩，那都是时机不对。我曾经见过太多的人，在面对别人的质问或督促时，特别直气壮地说："并不是我不行动，我是在等待一个好的时机。"这语气让我误解，好像时机一到，他真的能够左手紧抓爱情、右手紧握事业一样。

当我们习惯了等待，就不敢再去大胆地追求，而不论爱情还是事业，人在其中发挥的主观能动性还是非常重要的。就拿爱情来说吧，虽然我们勇敢表白也不一定能够打动对方，但至少我们给了自己一个机会，即便心仪的人没有与我们在一起，以后回想起来，也不会一味埋怨自己懦弱。如果李月对最初认识的那个男孩子勇敢地表达内心的情感，或许她的爱情之路就不会走得如此艰辛。

但还好，现如今的李月已经意识到了这种惰性给自己造成了诸多困扰，也开始努力地改变。只要敢于直面自己的内心，敢于改变自己，那么不论什么时候去追求爱情，都不算晚。

这种心理上的惰性一是来源于我们的幻想，二是来源于我们对时间的重要性缺少认知。在这里，我想告诉大家一个真相，很多时候那种支撑我们等待下去的惰性不过是我们自己的幻想。在某些时候，我们要做成一件事情，确实需要等待，毕竟万事万物都是由各种条件组成的，当缺少某种条件的时候，我们静心等待也不是什么坏事。但是，若什么努力都不做，只是抱着被动消极的心态去等待，是万万不可取的。在不做任何努力的情况下，我们所谓的"等待时机"也不过是痴心妄想。对于那些真正有执行力的人而言，如果客观条件不够充分和成熟，他们会主动创造条件和时机，而不是一味地等待。

执行力强的人，有一个十分鲜明的特点，那便是对于时间的重要性具有清醒而深刻的认识；而那些习惯于等待的人，恰恰不能理解时间的逝去对自己而言意味着什么。就像李月，她最初并不曾意识到年华匆匆，总以为在等待中，爱情就会自动到来。虽说爱情与年龄无关，但若是我们始终以被动消极的状态面对人生每一天，那么我们的人生便不会向着更好的方向转变。试问一句，我们真的甘心过着一成不变的苦闷生活吗？既然不甘心，那么就从现在开始，努力克服自己的惰性，不要一直生活在幻想中，而是从等待的状态中走出来，积极主动地寻求机会。

由于工作原因，这些年来我见过许许多多所谓的成功人士，只不过，我所说的成功并非传统意义上的有财富、名利和地位。我见过的这些成功人士并不是老板、总裁，他们平凡普通如邻家街坊。而我之所以认为他们活得很成功，是因为他们的生活质量很高。他们不愿眼睁睁地看着韶华轻易逝去，因而，他们也不甘于等待，会为了自己的某个目标积极努力、勇敢争取。在我看来，这些人的心中也有幻想，但他们的幻想却构筑在脚踏实地的行动之上，而不是让满怀的幻想终成空想。

反观那些看不清现实、原地踏步、永远活在等待之中的人，他们只是用等待来安慰和麻痹自己，纵然大好的时机摆在眼前，也终将因为惰性而失去幸福，最终徒留无限遗憾。

就在昨天，李月还打来电话，希望我能给她鼓劲儿，为她打气，因为她得知自己当初喜欢的人又恢复单身后，却始终不敢向对方挑明。我想了想，送给她一句话："因上努力，果上随缘；得失从缘，心无增减。"

虽然感情世界里存在太多的不确定，但假如我们一味地守在原地，等待美好姻缘的到来，那是痴心妄想。如果我们努力争取一下，不论是否能够收获一份感情，至少我们已经对得起自己，也对得起这美好的年华。

生活的质量取决于我们对待时间的态度。所以，渴望收获幸福爱情的朋友们，当你们遇到了心仪的人，一定不能一直在原地等待，不如大大方方地向对方表明自己的心意。需知道，人生短暂，而人世间又有太多的东西值得我们珍惜。

职场篇

　　时间无形，却价值千金。我们如何还能心安理得地把时间用在追剧、网购、闲聊这些毫无意义的事情上？

所谓优秀，便是惜时如金

何为真正的优秀？这个问题可谓见仁见智。有人说，优秀的人应该具备好学上进等诸多品质；还有人说，有责任感、有担当的人才称得上优秀。不过，我总觉得，一个人固然是要具备诸多出众品质，但如果这个人毫无时间观念，那也不能称为一个真正优秀的人。

所谓优秀，便是懂得时间的重要性，尊重时间，敬畏时间，惜时如金。马云就曾表示，自己虽然没有早早起床的习惯，但是，他却充分利用了自己拥有的每一分钟，大脑从来没有停止过运转。马云还说过，即便是在洗澡、散步、上厕所的时候，自己也不曾浪费时间，他在演讲中多次表示，自己管理时间的秘诀就是"惜时"，充分利用时间，哪怕一分钟都不想浪费。

苹果公司的首席执行官蒂姆·库克，每天清晨 3 时 45 分起床。他说自己在清晨时分思维最敏捷，所以在早早起床之后，便会思考那些重要的决策，并处理大量的工作邮件。库克每天大概能收到七八百封邮件，他都要亲自处理一遍。"要事优先"的原则，就是在意识最清醒、思维最敏捷的时候，处理最重要的工作。也正是由于库克常年坚持这一原则，他才能够高效地完成工作。

身在高位，需要处理的工作内容必然不少，时间压力也比其他人更大。因此，蒂姆·库克对于时间的管理非常严格，甚至已经到了苛刻的地步。比如说，他做事情时十分专注，在处理重要的工作时，都不允许有人来打扰。

蒂姆·库克每天都要完成高强度的工作，却依然能够精力充沛，这与他在时间管理方面的习惯不无关系。他曾表示过，尽管在绝大多数时间里，自己只处理一件事情，但在某些时候他也不会拒绝在同一时间里做两件事。比如，他在健身房里运动时，很有可能在思考工作上的某个问题。

确实，一心一用是个非常棒的习惯，但我们也不必墨守这个规则。有些时候，我们必须聚焦于当前的问题。可是，有些不那么重要的问题，我们也可以利用做其他事情的时间来进行思考。

某位朋友在上下班的路上，会利用手机便签功能，记录下自己当时想到的一些问题，如果条件允许，他还会思考一下如何解决这些问题；如果没有想到什么行之有效的办法，他就找机会与同事们交流，大家共同解决。在上下班的路上，他极少玩手机或者做其他事情。他说，即便是路上的时间，也一样要好好地利用起来，毕竟，这一分钟过去之后，就不会再回来，而当下的每一分每一秒就构成了我们的一天，过完就不会重来。时间这东西，你不珍惜它，它必然会亏欠你。

我的这位朋友自然不能与蒂姆·库克这样的商界精英相比，但是他这种珍惜时间的观念，却值得我们鼓掌。我看到很多工作普通、收入一般的朋友，每天都在抱怨钱不够用、工作太忙、生活压力太大这些问题上，却不曾想过如果把抱怨的时间用来做一些实事，他们何愁工作能力得不到提升。在这个世界上，没有谁从一出生就具备非凡的能力，我们见到的那些工作能力超强的人，也是通过时间的积累实现了层级的跃迁。

美国 AT&T 公司的前首席技术官约翰·多诺万虽然已经退休，但他在时间管理方面的经验依然值得我们借鉴。像蒂姆·库克一样，约翰·多诺万也是凌晨时分起床，通常是在 4 点左右。在接下来的 3 个小时里，约翰·多诺万会根据自己的日常习惯以及当天的现实需要，自由掌控时间。比如说，他会通过冥想、读书、健身等方式来放松身心，同时认真思考当天要做的事情，并详尽地进行筹划。当然，他也会充分利用一天之中最为宝贵的清晨时间处理一下工作方面的事情。他说，如果人们能够明智地利用清晨，那么随着时间的推移，工作效率会极大地提高。

类似这种高效利用清晨时间的成功人士还有很多，比如日本作家村上春树，还有美国前第一夫人米歇尔，她也是习惯每天清晨 4 点半就起床。除了坚持运动健身之外，她还要照顾家人、处理工作并且参加各项社会活动。一个人的精力有限，时间更有限，要想在有限的条件中高效地完成诸多事务，那么必然要珍惜时间并科学地利用它。

很多习惯早睡早起的成功人士表示，清晨宁静安详的氛围会使自己的大脑变得异常活跃清晰，工作效率可能是其他时段的几倍。对于那些真正高效率的人来说，时间不够用的情况从来不存在。因为他们知道在什么时间做什么事情。反观我们身边的一些朋友，他们既不曾进行工作规划，也没有思考过如何提高工作效率，只是在抱怨为何自己每天都忙于工作，而没有时间与朋友出游。

还有一些人，他们大概是工作内容比较轻松，因而不曾出现时间不够用的情况。于是他们花很多时间网购、聊天，因为他们觉得自己既然已经完成了手头的任务，那么休闲是理所应当的。

阿里巴巴集团的前首席技术官吴炯甚至说过，自己愿意拿出 100 万美元买下一年的时间，因为时间实在太宝贵了。时间无形，却价值千金。我们如何还能心安理得地把时间用在追剧、网购、闲聊这些毫无意义的事情上？

多年前，我到无锡参加一个交流活动，结识了一位满头银发的老学者。这位老学者与人交谈时诚恳而亲切。后来听老学者的学生评价他慈悲智慧、学识渊博，对待学生却以严厉而著称。他的学生还说，老师讲过的很多话，他都记得，但对他触动最深的是这句："人生短暂，做事不要找借口，不要拖延，不要觉得自己还有很多时间。"

我是一个玩心略重的人。来到无锡之后，除了参加交流活动，还与几位同伴外出溜达，想见识一下无锡优美的风景。我们几人在会议中心附近闲逛时，迎面遇见那位白发苍苍的老学者。他一脸随和的笑容，与我们亲热地打着招呼。他还说，很羡慕我们这些年轻人，因为他已经 70 多岁了，即便想约上三五老友外出，也会因为体力等原因而难以成行。

"你们这些年轻人啊，可要好好珍惜时间。人生几十年匆匆，一下子就能白了头。"老学者笑呵呵地说着，向我们挥了挥手。从那天开始，我对人生逐渐产生了新的认识。因为自己特别爱玩，大多数情况下很难改掉拖延的毛病，所以极少认真思考利用时间的问题。直到这一天，我才被这位老学者点醒。

在学术交流活动结束后，大家考虑到第二天来自各地的与会者将陆续离开无锡，于是拿出活动纪念册，请诸位与会者签字留念。这位老学者接过笔，在我的纪念册上端端正正地写下了"人身可贵，珍惜时光"8个大字。

回到家乡之后，我继续埋头写作，有时候非常懈怠，有时候拖拖拉拉，但我一想起那位老学者为我题写的留言，便浑身充满了继续工作的劲头。之后，我极少再出现做事拖延的情况。

前几天，某位多年不见的朋友对我说，她很想去学习写作，希望以后成为编剧。我鼓励她："挺好的啊，你好学又聪明，肯定学有所成。"但她又说，最近实在太忙，没什么时间和精力去学习，这种情况让她很焦虑。

"哎呀，怎么才能不费力气，就写出好作品来呢？我也想多学一些技能啊，可我真的没时间啊。"她在电话那端说。

这样的理由，在我听来非常可笑，并且完全不能理解。最近这段时间，听多了各种各样的借口，诸如"工作太忙，没时间健身""抽不出时间学习"等，这些话听起来是不是很耳熟？其实这些拖延的借口，不仅反映出我们对人生缺少规划，更说明我们本身就极不珍惜时间，极不会利用时间。

试想一下，如果你有了真正奋斗的目标，你拥有真心喜欢的事情，你真的利用起来时间，怎么可能忙到抽不出时间，又怎么会因为工作太忙而放弃某一个目标或是理想？

我想起某位好友的金句："对于时间的忽略完全是习惯使然。"大家不妨自行感受一下，如果你满心全是"明天还有时间""人生还很漫长"这样的念头，你是不是会放下手头的事情，想先玩玩手机，看看视频，过一会儿再继续做事？但如果你心心念念全是"时间有限""人生短暂"等想法，那么你是不是浑身上下都会充满了向前奔跑的动力？大家再感受一下，当你想到自己这一生无非就 900 个月，而余下的时间又极其有限，那么你是不是会在内心不断催促自己，要求自己马上完成某个目标？

可见，我们若是对时间抱有一种紧迫感，那么我们就真的会觉得手机其实不那么好玩，搞笑视频也没有那么有趣。假如我们对于时间毫无认知，就会一再拖延，而拖延带来的后果会摧毁我们大好的青春和心底美好的梦想。

一位老师曾说："没有时间观念的人，不仅会拖延成性，还会逐渐失去对于自己人生方向的把控。"

我还曾见过由于缺少时间观念而做事拖延的人，最终失去了奋斗的动力和创造生活的勇气。可见，时间是这个世界上最公正的事物，你重视并珍惜它，它便为你带来一个非同一般的人生，你会成为一个真正优秀的人；你怠慢它、无视它，它便会无尽地惩罚你。

英国哲学家、社会学家斯宾塞说："必须记住，我们此生的时间是有限的。时间有限，不只是由于人生短促，更是由于人事纷繁。"但对于那些珍惜时间的人来说，时间从来就不会有不够用的时候。

开启斜杠人生，绝没有那么简单

近些年来特别流行这样的生活方式：本职工作之外，再结合自己的兴趣、能力以及其他实际情况，从事多领域的工作。这便是所谓的"斜杠人生"，而在本职工作之外还从事其他工作的人，则被称为"斜杠青年"。

但是，开启斜杠人生，真的如此简单吗？我看未必。

2015 年的夏天，我在家中挥汗如雨时，桌上的手机提示音响起。打开一看，是在一家公司担任销售的小娜姑娘发来了微信留言。她说，她在北京五环都快住不起了，必须做点兼职，开启斜杠人生。

我问小娜，打算做哪方面的兼职，或许，我可以帮忙对接一些合作方。

小娜却说，她目前没有具体的规划，最近在网上看到很多招聘兼职写手的工作室，她非常渴望一试身手。"或许通过写作，我的人生就从此步入辉煌了呢。"小娜之前说过，她从小就有一个写书的梦想。

"那挺好的呀，你多联系几个工作室，有什么需要的地方，可以随时喊我。"

我原以为，小娜已经把兼职的事情安排得妥妥当当。可是，一段时间之后，在我向她询问结果时，她却表示连续给几家工作室写了样稿，却没有一次被选中的。后来好不容易找到了一份给公众号更新稿件的兼职，但是她在坚持了两周之后，便明显地感受到精力持续下降，不仅精力不足，而且连正常工作都无法按时完成。

看来，小娜这斜杠青年做得并不称职。但考虑到她第一次尝试撰稿，我还是宽慰道："别太着急啊，凡事都有一个过程的。"

由于此后较长的时间里我一直忙于其他工作，也就没有再过问小娜找兼职的事情。直到三个多月后的某一天，小娜给我打来电话，向我哭诉："为什么当个斜杠青年这么难？"我才知道，小娜的经济状况依旧拮据，做的兼职也是频频转换。而她难以坚持做兼职的最大原因在于她在时间安排方面经常出现顾此失彼的情况，顾上了这个就管不了那个，为了做好兼职而花费许多时间，进而严重影响了本职工作，这样的事情在小娜身上屡屡发生。

实际上，很多人对"斜杠青年"这一概念误解极深。在很多人看来，只要自己同时具备两种技能，能够完成两份工作，那就是妥妥的斜杠青年了。但如果根据《纽约时报》专栏作家麦瑞克·阿尔伯撰写的图书《双重职业》对"斜杠青年"总结的定义来看，斜杠青年应具备两个以上能够被社会认同的技能优势。比如说，你的本职工作是教师，培育出许多优秀学生；同时，你的写作能力还特别突出，出版过好几部探讨教育问题的图书，那么你才算是一个标准的斜杠青年。

那么问题来了，具备两个以上的专业技能是需要长时间积累才能达到的。而这种时间上的积累，通常是以年为时间单位的。

在主业以外进行多元化的扩展，这听起来非常励志且美好，可是开启斜杠人生并不是我们头脑一热，找几个兼职就完事了。我身边有些优秀的斜杠青年也并非从一开始就能把主业之外的工作做得风生水起。好友老董，40多岁。10多年前刚认识他时，他是我们本地一所中学的英语教师，凭借幽默亲和的授课风格被广大师生喜爱。那时候老董就曾说，他在大学时代就非常喜欢写文章，但苦于没有系统接受过写作训练，于是，他就利用空余时间学习写作，希望以后能够靠着笔杆子获取另一份收入。而且为了提升授课效果，他平日里还练习英文演讲。日积月累，老董成为一个既能授课又能写作，还能通过演讲获得收入的斜杠青年。现在的他有三份收入，这听起来真令人羡慕。可他为此付出的时间和辛苦，则被别人选择性地忽视了。

老董从正式学习写作开始，直到他撰写的第一篇文章被报纸登载，足足用了一年，相当于在纸上划掉了12个格子。

为了练习演讲，老董付出的时间更多。原本，身为英语教师的他只是为了提高教学水平，才开始练习演讲，可是在练习的过程中，老董却逐渐产生要成为职业演讲者的想法。其实，根据老董的实际情况，这比学习写作要花更多时间。尽管如此，他还是在一天又一天的努力下，成为一名双语演讲者。

老董自己说，为了能够节省出更多的时间读书写作、练习演讲，他连洗澡、做饭、整理房间的时间都尽量压缩。每天5点起床后，老董会用一个小时来读书。他读过的书涉及各个领域，从自然科普到人文历史，从国内外文学名著到优秀的青少年图书。他说，不论是写作还是演讲，都需要大量素材。几年时间过去后，老董的知识面极为广泛，上课时除了给学生们讲解书本知识之外，还会讲一些西方的历史文化等内容。在学生们看来，董老师好棒，懂的知识好多。但老董的文化知识，都是靠着一天天、一月月、一年年积累起来的。

可是，老董的做法在其他人看来，简直就是"自讨苦吃"。比如，老董的某位邻居就说，每天授课已经很辛苦了，业余时间放弃了休息，埋头于稿纸上，还要付费听课，这不就是自己找罪受？也有人说老董"不务正业"，好好的一个英语教师，写什么散文、诗歌和长篇小说，那不是语文老师该做的事情吗？

只不过，这些说风凉话的人们似乎忘记了，时间对于人类所有的辛劳付出，都会给予公允的回报。这也正是时间的神奇所在：只要你认真地耕耘了，你那人生的原野上就会盛放出花朵，结出甘甜的果实。时间不会亏待每一个用心待它的人。

就在老董学习其他技能的时候，他身边的一些熟人一如既往地聚会、喝酒、打牌。他们觉得老董很傻，因为在我们这个地区，一名优秀教师的薪水比较可观，完全没必要花时间和精力去做别的。他们认为有这些读书写作、练习演讲的时间，还不如吃吃喝喝混日子来得舒服。

民国时期的散文大家梁实秋略带幽默地说："没有人不爱惜他的生命，但很少人珍视他的时间。"一语道破了人们不够珍视时间的陋习。更可悲的是，时至今日，有些人依然没有意识到时间的可贵和不可逆转。

现在的老董依然像十几年前那样，把大部分时间都利用起来。他说，自己感兴趣的事情还有很多，虽说不一定还能通过其他的职业技能获取更多的财富，但是能够持之以恒地发展某种兴趣，就能为以后的生活创造更多的可能。

请给人生涂上色彩

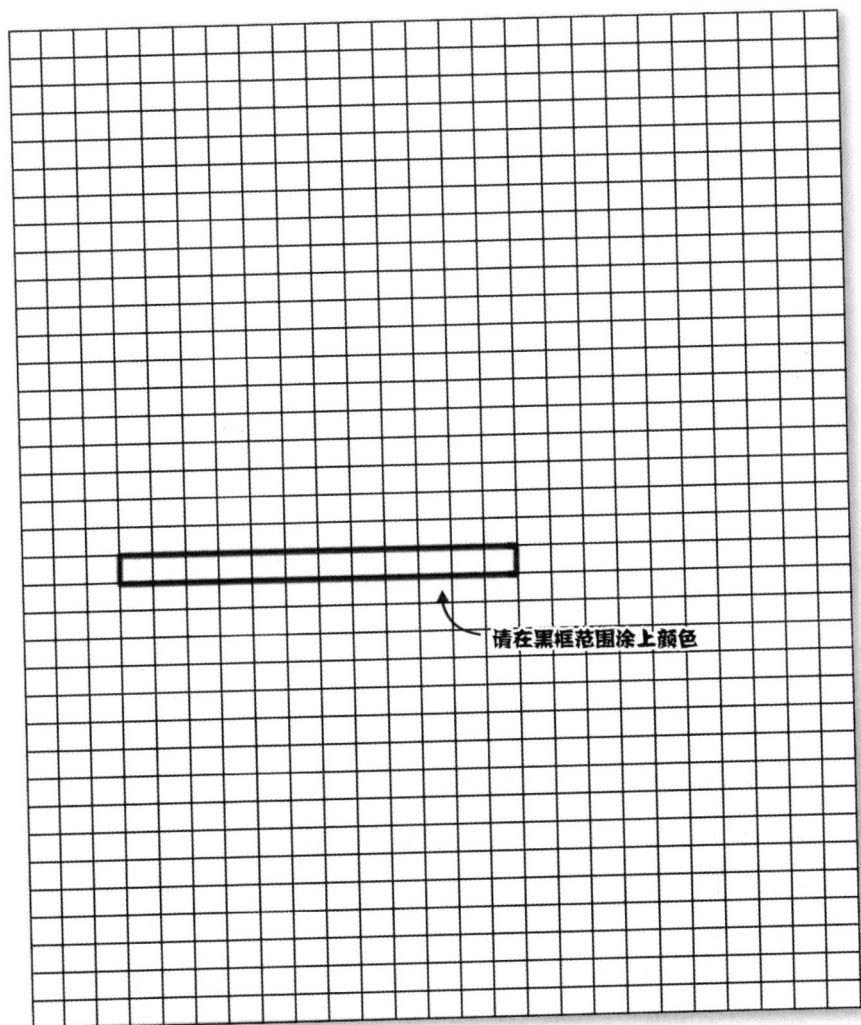

请在黑框范围涂上颜色

我们再回过头来，看看小娜的问题出在哪里。她仅仅出于个人兴趣学了点皮毛，没有经过长时间的积累，也就无法兑换现实价值。她无法兼顾本职工作与兼职工作，这不仅说明她能力有限，更说明她缺少合理安排时间的意识。

法国思想家、文学家罗曼·罗兰曾经说过："与其花许多时间和精力去凿许多浅井，不如花同样的时间和精力去凿一口深井。"

可见，要想开启斜杠人生，不仅要求我们对本职工作之外的事情抱有浓厚的兴趣，更要求我们能够投入大量的时间和精力，去学习，去研究，去实践。如果时间和精力不允许，那么，我们深耕一个领域依然能够做出成绩。最怕的就是，只看到了别人身为斜杠青年赚取了财富，收获了成功，却没有看到别人为此付出的辛苦、努力，以及为此投入的大量时间。

此外，要想开启斜杠人生，我们就必须有一项或几项自己真正热爱的事情，不然，我们根本无法在漫长的积累过程中坚持下去。

有位叫小可的姑娘，在留学机构工作，非常喜欢摄影。几年下来，她走过很多地方，拍了几千张照片，她的这些照片发在朋友圈和网络空间上，获得了大家的一致称赞。但她并不是一位真正的斜杠摄影师，而摄影也只是她的兴趣爱好。因为还没有人为她的照片付费，请她帮忙拍照。换言之，她的爱好尚没有转化为一种技能。不过，小可并没有因此而放弃自己的爱好，她投入了时间和精力去摄影，去学习，终于，她的一些旅行照片被杂志社选中且得到了一定费用。此后，小可的摄影作品屡屡出现在图片网站，供人们付费使用，还有很多人向她发出合作邀约。这时候，小可的身份不仅是留学机构的工作人员，还是一位摄影师。她通过时间积累，完成了从"摄影爱好者"到"职业摄影师"的身份转换，成为一名标准的斜杠青年。

马克思说过："时间是人类发展的空间。"在人生这片广阔的土地上，我们埋头耕作，欢喜收获，时间为我们提供了自我提升的条件。经过时间的积累，我们不仅成为更好的自己，更重要的是没有辜负这短暂的岁月和有限的人生。

高效率的工作方法，就是学会在职场上断舍离

乔布斯说过："不论是工作还是生活，你都只能做好其中的一部分事情，你必须学会做出取舍，选择那些你可以做出成就的事情。"他还说过："人生中最重要的决定，不是你要做什么，而是你不能做什么。"

这就是说，我们做事情的时候不要一心二用，只有保持专注、一心一用，才能够高效率高质量地完成工作。或许有些朋友听多了那种同时处理几件事的励志故事，觉得自己也可以这样做事。如果你信了，那么你就惨了，因为你不仅会付出时间上的代价，甚至到最后会非常沮丧地发现，自己一心多用的结果便是一件事情也不能做到位。

难怪很多企业家、金融家以及成功的创业者在谈到自己的工作经验时都会提到懂得取舍的高效率的工作方法。对于我们而言，学会职场上的断舍离，就能够合理地利用时间，而一旦我们的时间利用率得到大幅度提升，我们也才能够大踏步地朝前迈进。

伯利恒钢铁公司是美国第二大钢铁公司，公司总裁查理斯·舒瓦普曾经为了提升工作效率，前去请教效率专家艾维·利。

艾维·利思考过后说道，他将在 10 分钟之内交给查理斯·

舒瓦普一样东西，并信誓旦旦地保证这件东西能够帮助他把公司的业绩提高至少 50%。查理斯·舒瓦普满怀期待，可艾维·利递过来的却是一张上面什么字迹都没有的白纸。

"现在，在这张纸上写下你明天要做的 6 件事情。请记得，一定是 6 件最重要的事情。"艾维·利望着查理斯·舒瓦普，非常认真地说道。

查理斯·舒瓦普用了大概 5 分钟的时间，写下了自己明天需要处理的 6 项工作内容。但实际上，他每天要做的事情，远远不止这 6 件。

艾维·利盯着这张写满计划的纸张，过了一会儿又说道："现在，请你用数字对每项工作内容进行排序。请记得，一定要按照每件事情对于你和公司的重要性来排序。"

这一次，查理斯·舒瓦普只用了 3 分钟，就排好了次序。可是他并不知道艾维·利的用意何在。艾维·利接着说："你把这张纸放进口袋，一定要放好。明天早上到来后的第一件事就是把这张纸拿出来，按照顺序来处理工作内容。你不必管其他的，只需要着手处理第一项工作就好。直到你真正完成它，之后再依次完成第二项、第三项……如果直到下班，你还有余下的工作没有完成，那也不必着急，因为你始终处理着最重要的工作内容，余下的事情，于你而言，并不重要。"

查理斯·舒瓦普听从了艾维·利的建议，并且每天都是这样，提前写下工作安排，按照工作内容的重要性来注明序号。他只做最重要的事情，余下的工作就交由下属完成。就这样坚持了一段时间之后，查理斯·舒瓦普看到自己的工作效率得到了大幅度提升。于是，他再一次拜访艾维·利。艾维·利非常欢迎查理斯·舒瓦普的到来，他说："如果你对我提供的这种方法深信不疑，那么，就请你公司的员工们也照做。等到你见到成效之后，麻烦你给我寄来支票，你认为我的方法值多少钱，你就给我多少。"

几周之后，查理斯·舒瓦普给艾维·利寄去了金额为 2.5 万美元的支票。这是他支付给艾维·利的报酬。正是靠着艾维·利提供的方法，这个不为人知的小钢铁厂在 5 年之后，一跃成为世界上规模最大的独立钢铁厂之一。

那么，艾维·利提出的方法为查理斯·舒瓦普创造了多少财富呢？事后，有人估算了一下，大概是一亿美元！

由此可见，提升时间利用率的不二法门，正是这种"减法哲学"——只选择最重要的几件工作，集中全部精力去处理，而不是把精力和时间均摊在每一件事情上。

文学评论家哈罗德·布鲁姆说过这样一句一针见血的话："如果你花时间读三流作品，就没时间读一流作品了。"同样的道理，如果我们把时间都用在杂七杂八的事上，那么我们就没有时间去解决那些真正重要、真正对自己的职业生涯具备深远意义的事了。

"脸书"创始人扎克伯格也非常认同艾维·利的理念：要学会在工作上进行取舍，学会在正确的时间里处理正确的事情。他说，这是一个创业者应该具备的基本素质。

扎克伯格认为，如果自己状态很好，头脑清晰，那就继续忙工作；不然，就好好休息，放松一下疲惫的身心，这样就可以用更加饱满的热情投入到工作之中。他还曾坦诚地说，有时候自己连续几天都处于亢奋之中，一整天都埋头忙碌，也不会觉得劳累；可是有些时候就无精打采，做什么都不在状态。这个时候他会暂时将自己从工作中抽离开来，尽情地放松。他从不认为一个合格的创业者就必须一天 24 小时、一年 365 天，每时每刻都满怀激情地埋头工作。

像那种既不在工作状态，又不肯放松休息的人，看似努力上进，实则不懂得科学合理地利用时间，因而也就很难有成就。这就是为何有些人天天都忙碌操劳，看起来特别努力，可是几年下来却成效甚少，甚至根本见不到什么成果。

许多企业家、投资者以及其他领域的成功人士，都具有这样一个底层逻辑：把有限的时间和精力放在最重要的事情上。因此，选择不做哪些事比选择做哪些事更重要。并且，他们还有一种较为共通的行为模式，那便是在明确做事方向的前提下，将大量时间用在自己的核心目标上。

多年前，有一本风靡全球的书叫《断舍离》，虽然这是一本关于收纳整理的书，但是它对于我们规划人生、利用时间，同样具有指导意义。在这本书中，作者山下英子提出这样一个观点：人们往往不断地给生活做加法，但很少停下脚步为生活做减法，越来越多的物品堆积在家中，严重降低了我们的生活质量。因而，我们需要定期整理物品，为居住空间和心灵空间减轻重负。

实际上，我们在工作中也是如此。很多人为了彰显自己能干，凸显自己的能力，揽了很多事情。到头来，很可能一件都完成不好。所以，为了高效使用时间、完美完成工作，我们在职场中也需要断舍离的精神。

如果说，生活中的断舍离是去掉过多的物品以及多余的信息，那么，职场上的断舍离就意味着我们应该不断地主动做出选择，让工作目标更简化、更清晰。这样一来，我们在工作时也会更加专注，而专注做事则可以极大地节省时间。这些节省下来的时间完全可以再去做别的事。

艾维·利提出过这样一种说法：真正有效的时间管理并不是把所有的事物都安排在日程表上，而是抓住重点，学会舍弃。在我们身边，却有这样一类人，你问他今天要做些什么，他会说，自己要做的事情很多。但如果让他详细说一下，他又无从说起。这就说明，他并不知道自己真正的工作目标是什么，因而也就不知道自己具体要做的事有哪些。这样的人，绝大多数都在浪费时间，不论给他们多少时间，他们都很难优质地完成工作。

此外，要提高时间利用率，提升工作效率，我们还应该尽量避免一切外部干扰。某位朋友，在写稿时有这样几个习惯：退出不相关的网页，并且把手机放在抽屉里，桌面上只摆放与工作相关的书籍资料等物品。他说，退出不相关的网页，是为了避免自己毫无目的地刷网页；把手机放在抽屉里，是避免自己刷朋友圈或者看其他的内容；桌面上尽量不要摆放那么多物品，则是为了自己的注意力不被干扰。

还真别说，我这位朋友写稿的效率还是蛮高的。他通过这种方法管理时间，果然每天都能提前完成约稿，并且是高质量地完成。

近些年来，关于时间管理的书籍大行其道，而《A4 纸上看人生》电视短片的播出，则让我们进入"全民时间焦虑"的状态。我们需要明确的是，高效利用时间，就是为了把我们从时间焦虑中解放出来。大家不妨想想，如果自己变成一个工作狂，每天工作 10 多个小时，却忽略了身心健康，忽视了家庭亲人，是不是有些得不偿失？但如果我们用对了方法，提升了时间利用率，岂不是可以有更多的时间去做工作之外的事？

　　世上有无数种时间管理方法，而我们要做的就是根据自己的实际情况选择适合自己的那一种。在选择时间管理方法的时候，我们可以有一些"试错"的精神，给自己一些尝试的机会。并且，一种或几种时间管理方法也并非要应用到各个场合或者应用一生。就像我们在职场上要学会放弃一样，我们选择时间管理的方法，也应该保持断舍离的准则——断绝不需要的方法，舍去多余冗杂的步骤，脱离对于固定方法的执着。

　　时光在流逝，岁月不停歇。对于我们而言，每一天都应该成为全新的一天，愿你我精进，珍惜时间，让每一天都成为人生中有价值、有意义的一天。

用格子规划你的职场生涯

对于每一个人来说，时间都是公平的。不论你是富豪、企业家、其他领域的成功人士、刚出校门的小青年还是投了简历等面试的应聘者，你一天只有 24 小时，1440 分钟。

但同时，时间也最是偏心。那些懂得如何规划人生、怎样使用时间的人，他们这一生可用的时间更加充裕一些，他们在自己用心的规划下，延长了原本有限的人生；反观那些做事拖延、时常纠结、不论做什么都犹豫不决的人，他们可以利用的时间便少得可怜。

前几年有一首歌曲特别流行，歌中唱道"时间都去哪儿了"。这首歌之所以火遍大江南北，主要是唱出了人们对于时间流逝的感触。但如果你问那些具备规划能力的人，时间都去哪儿了，我想，他们会信心满满地说："时间哪儿也没去，它们都被我紧紧地掌控在手中了。"

与此相反，那些意识不到时间宝贵、不知规划自己人生的人，不论做什么事情，都会犹豫再三或者拖延好久，假如有人问起他们为何没有按时完成某项工作，他们的说辞便是"难以进入工作状态"。一旦他们意识到，自己白白浪费的时间都够完成几项工作了，便会焦灼不已。早知今日因为时间不够用而感到焦虑，当初又何必浪费大把时间去玩乐呢？

在我们的读书讨论群里，有一位叫毕跃伟的朋友，每天都在群里聊得不亦乐乎。时间长了，大家就很好奇，便问他：小毕，你做什么工作的？怎么空闲时间这么多？毕跃伟说自己创业，经营着一家小公司，反正自己当老板，时间也就比较宽裕。马上，群里一位真正的创业者跳出来反驳：我也在创业，也在经营公司，可我就没有这么多时间闲聊。群里的气氛霎时安静下来。5分钟后大家发现，毕跃伟退群了。之后，我从一位了解内情的朋友那里得知，这个毕跃伟家境不错，前些年在亲戚的公司里上班，近两年看别人创业获取了一定的财富，便动了心。可是，即便他在父母的帮助下开办了自己的公司，依然三天打鱼两天晒网，每天玩玩乐乐，从不安心工作。

其实，在年轻群体中有很多像毕跃伟这样的人。这些年轻人大概是觉得自己未来还有大把时间，不着急做好眼下的事情。他们以为自己拥有的无数个明天，可以供自己完成昨天没有做完的事情，殊不知，匆匆而过的时间从来不会给任何人喘息的机会。如果毕跃伟看过央视那个《A4纸上看人生》的视频短片，或许他就不会这样玩玩闹闹地度日了吧。

前几天外出办事，偶遇老街坊徐伯伯。看他容光焕发、满面春风，我便问他这是去了哪里，怎么这么开心。徐伯伯笑着说，他刚刚联系了几位熟人，明天去给一位老战友的个人书画展捧场，想到老朋友们欢聚一堂，自然开心了。

说起这位徐伯伯，他属于那种对自己的职场生涯非常有规划的人。在徐伯伯工作的那个年代，尽管尚未出现诸如职场生涯规划这样的说法，但他已经意识到，有限的时间不能白白浪费，自己在单位里好好做事，才对得起每个崭新的一天。

退休前的徐伯伯是单位的技术人员。刚刚来到单位，徐伯伯就怀着极大的热情投入到生产劳动之中。出生于 20 世纪 50 年代的徐伯伯，思想倒是很超前。他将单位的工作需要和自己的职业目标结合起来，不断寻找更具效率的工作方式。徐伯伯经常挂在嘴边的一句话就是，"一寸光阴一寸金，寸金难买寸光阴。趁着自己的腿脚还利索，多学一些技术，多参加生产劳动，不然就浪费了青壮年时期"。作为一名技术人员，徐伯伯深信"技多不压身"的民谚，原本他只是单位的焊工，后来抽出时间学了其他技术。有了一些年岁之后，徐伯伯便不再参加那些重体力劳动了，他靠着自己不断积累起的技术，成了单位中为数不多的老师傅，带着徒弟们研究如何提高技术水平。徐伯伯比其他技工师傅更先一步看到，学到手的任何一种技术，都会随着产生方式的变革而被淘汰。因此，他在思考怎样提高技术水平的同时，也在留心学习更多的新型技术。

很显然，不论是研究技术还是学习技术，都需要大量的时间，而徐伯伯还有一双儿女要照顾，他可以用在工作上的时间更是稀缺。徐伯伯每天都会细化时间：上午做什么，下午做什么，休息日的时候如何安排。数十年坚持下来，每一天的每一分钟，他都有所收获。

退休之后的徐伯伯，每当回想起自己参加工作的这数十年，都非常感慨。想当年，很多人都看不上他们单位，认为没有发展前景。可是徐伯伯却认为，单位如何是一回事，自己是否认真地规划了工作时间，是另外一回事。看起来，只有那些有效地利用时间的人，才能生活得充实，时刻感受到生活中的快乐。

软件银行集团董事长兼总裁孙正义是一个善用时间的企业

家，他在职业生涯规划方面的经验值得我们学习和借鉴。

20 岁那年，孙正义进入一所知名大学的经济学专业就读。大学期间的每一天，他都会抽出 5 分钟时间，结合当时的需求，进行发明创造。他曾经设计出一种袖珍翻译机，还聘请了几位教授，共同研制出样品。后来，孙正义为自己的发明注册申请了专利，并以 100 万美元的价格，将其出售给日本夏普公司。

进入大学之后，孙正义列出了自己人生中的 50 年计划书，非常清晰地规划了在人生的不同阶段应该实现怎样的目标。比如说，在 20 多岁的时候要创建自己的公司；在 30 多岁时要挣到人生中的第一个 10 亿美元。

孙正义认为，只有把自己职业生涯中的每一步都详细而清晰地写下来，自己才有奋斗的目标和动力，才能够抓紧每一分钟去做事。

1980 年，从柏克莱大学毕业后，孙正义回到日本着手开创事业。但是在 23 岁那年，他患上了肝病，为此住了整整两年医院。但是，如果你认为孙正义在住院期间只是卧床休息，那你可就想错了。在这两年住院医治的过程中，孙正义阅读了 4000 本图书。他说，绝不能让患病治疗这种事情成为自己虚度时间的障碍。

孙正义是一个闲不住的人，即便是患病治疗期间，他也要通过不断地学习来解决之前存在的诸多困惑。此外，他还根据自己读书的心得思考了未来的发展计划，他列出的自己准备选择从事的行业竟达 40 种之多！

作为一个将创新与积累摆在同等地位的企业家，孙正义非常注重时间的使用。我们不可能靠着无限延长工作时间去完成

大学生
创业

请给人生涂上色彩

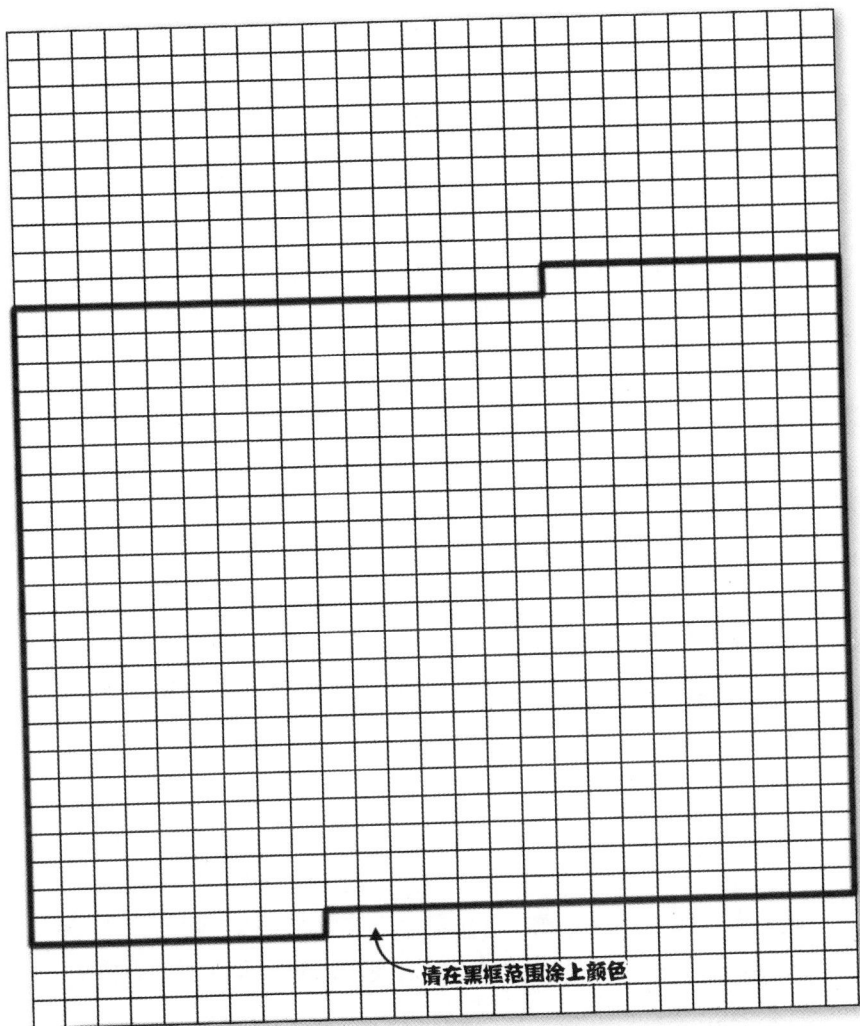

请在黑框范围涂上颜色

铺天盖地的工作内容。面对工作内容或者需要解决的问题，孙正义首先考虑的是采用何种解决方法才能最节省时间。

处理事情就如同登山，应该以结果作为时间的导向，并且，只有明确目标并且采用正确的方法，才能在较短的时间内完成目标。毕竟，人生时间有限，我们不可能也不需要在一件事情上耗费过多时间。

对于大多数人而言，他们最大的问题就在于不知道自己能做什么、要做什么，简而言之就是缺少人生目标、缺少对于职业生涯的规划。如果你都不知道自己的人生之路要往哪里走，你又如何能够有效利用眼下的每一分钟？所以，我们大多数人与企业家相比，差距真的不在于财富，而在于利用时间的思维和方式。就像我们读书讨论群里的那位毕跃伟，他根本不知道自己想往哪里去，只是看到别人创业，自己也跟风，我们几乎可以预见到他最终的结果，不过是浪费了时间、损耗了精力，一无所获。然而，像毕跃伟这种情况，正是大多数年轻人的通病。

或许你会认为：年轻人一时之间没有找到人生的发展目标，多去尝试，多去历练，也是为今后的人生积累经验。可是，你是否想过，具有价值的积累，需要我们深入到某一个领域之中，而不是浅尝辄止，接触一下就拉倒。凡是没有真正投入过时间而进行的尝试，都不会为我们未来的人生积累有价值的内容。

人生就是一场电影，可以前进，但绝不能后退。它开场时，我们还没有准备好，可时间又怎么会有耐心去等待世上的人呢？以往的自己，总喜欢说还没有准备好，这时间怎么就偷偷溜走了呢；现在的自己，则学着从身边人以及各界成功人士身上，学习时间管理的方法。如果大家像曾经的我一样，总以为自己在事业上无所成就是因为自己手中的时间太少，那么，我们不妨放下享乐的时刻和对安逸生活的贪恋，投身于奋斗的时光，投身于有限的时间里。假如我们真正学会了使用时间，能够满怀感恩与珍惜地对待时间，时间也不会辜负我们。我们会发现，自己的时间越用越多，而我们的人生则会因为自己埋头实干而得以延长。

捷克教育家夸美纽斯，道破了时间与人生规划之间的关系："时间应分配得精密，使每年、每月、每天和每小时都有它特殊的任务。"

要想时间得到最大程度的使用，我们必须摆脱惰性，从享乐中跳脱出来。我想，世间众人，每个人都有各自的理想，理想从没有高低的分别，只看我们是否能够有效地使用时间，把理想转化为现实。

不忙的前提是"不盲"

某位朋友给"忙"字做了一个非常精辟的解释。她说："忙，就是心亡。"她还说，很多人之所以每天都特别忙，那是因为他们做事没有目标、计划和重点，盲目地做事自然就会手忙脚乱了。

可见，我们想要一个不慌不忙的人生，首先得有个前提，那便是我们做事不盲目，要有目标、计划和重点。

当今社会存在这样一种"流行病"，人人都说自己很忙，但是如果你问他最近在忙什么，他又答不出来。这说明人心过于浮躁，而浮躁的深层原因便在于，自己缺少方向和定位，不明确自己的兴趣与专长。可是，时间不会等我们，它一秒不停地流逝着，从今年到明年，快得好似一眨眼的瞬间。

记得去年春天，楼下二哥说，他最近在忙一个新项目，并告诉我们等好消息。结果一年之后，我们问起他去年所说的那个新项目进行得如何了，他却耸着肩说："你们说的是哪个项目？为何我不记得了？"而我们亲眼见到他在一年的时间里忙进忙出，几乎每天都很晚了才回来。大家还以为，楼下二哥的项目马上就要出成果了，没想到一年时间过去了，他竟然都不记得自己说的这个项目了。究竟是他自己忙得忘记了，还是根本就没有做过规划，只是随口一说呢？

还记得某位邻居多次抱怨："唉，我总是感觉自己每天忙得莫名其妙。上午开会，下午值班，周一到周五就没有过停歇的时候。可也奇怪，为何自己这样忙碌，却看不到什么成果呢？时间都用在哪里了呢？"

想来大家都有这样的体验：每天的时间倏忽而逝，总是感觉自己忙了很多事情，身心俱疲，可奔忙之后却没有收获什么成果。这时候，我们内心就会非常沮丧，认为自己浪费了时间。其实，如果我们在职场上学会取舍，分清工作的主次和轻重，我们便能摆脱这种盲目而忙乱的日子。

首先，我们需要用些时间思考一下，我们对自己的职业生涯有怎样的要求和愿景。比如说，我对自己的职业要求是每年写一部书，每个月做一场线下的读书沙龙活动，每周做一场线上的讲书分享。而我的职业愿景之一则是希望通过文字，给读者朋友的心灵带去力量，或者分享给大家温暖有爱的故事。假如我们愿意把时间用在思考职业生涯上，那么我们的盲目性就会减少；而做事不盲目、不浮躁，便意味着我们有目标，不至于浪费过多的时间。所以你看，这就是一个良性循环。

然而遗憾的是，并不是所有人都能够意识到这一点。就拿我的老朋友于杭来说吧，从去年八月份开始，他就拜托大家给他介绍工作，可是到了年底，他还在求职。有些亲朋好友问他原因，他不好意思地说，一来确实不知道自己能做什么；二来有些单位开出的工资实在太低，他不愿意去。

我问于杭，有没有想过再学一些技能，或者报个学习班。

于杭说，他平时很忙，至于忙了些什么，他自己也不清楚，只是觉得每天的时间都过得很快、很急，每天都那么忙碌和累，可一天下来也没有什么收获。

很显然，于杭的这种辛苦，正是一个处于迷茫期的人常见的状态。其实我觉得我们大可不必如此迷茫。如果你想一开始就进入理想的单位，拿到理想的工资，那可能会有一定难度，毕竟现实不会如我们所想的那般美好。但是，我们可以找个其他的工作先历练一下。在这样的情况下，很有可能你每月的收入只有两千元，但随着时间的推移，你积累了工作经验，在专业能力方面也有所提升，那么你的收入也会随之提高。

我的某一位街坊最初选择的工作也不是自己喜欢的。但是在参加工作的 8 年当中，他积累了丰富的经验、人脉和一些启动资金，而后便开始自主创业。这位街坊在创业后，每天事情很多，也比较忙碌，可是他人再忙，心却"不盲"，因为他明确地知道自己在职业发展方向上有怎样的诉求。

此外，为了杜绝手忙脚乱、耽误工作进度的情况，我们在工作中做事万万不能拖延。拖延，只能让我们一时之间得以愉悦、放松，但带来的危害却数不胜数，其中最严重的危害便是时间的浪费。日本诗人、文学评论家上田敏说："三延四拖，你就是时间的小偷。"

很多人之所以拖延，很大程度上也是由于不明确工作目标，不知自己现在应该干什么以及接下来干什么。通常来说，他们的脑筋很活络，可惜想得多、做得少，往往时间一点一滴溜走了，他们还没有做出任何行动。一旦被别人催促，他们便会手忙脚乱地开始做事，但实际上，虽然他们做的事情多，可每件事都做得很不到位。由于盲目做事而身忙心累，又因为迷茫困惑而没有做事效率，怎么说都是空耗时间。

长期处于迷茫之中的人们，其实只要一次做好一件事，就能够从迷茫的状态中逐渐走出来。一次做好一件事，这样一天、一个月、一年地积累下去，自身能力和素养便能够得到切实的提升。这样的活法，才不算是浪费时间、愧对此生。

写到这里，我想起了读书社群里的某位小伙伴。她经常在工作的时间与我们闲聊，每当我们问她，是否做完了手头的工作，她就会说："着什么急，这不是还有明天吗？"她这样每天悠闲地过日子，着实让人羡慕，但是，某一天她却突然崩溃了。原因就是，由于她拖延某项工作的时间太久，领导狠狠地批评了她。她一边哭天抹泪，感叹时间不等人，一边慌里慌张，忙着弥补自己的过失。

可是，着急赶出来的工作质量又怎么能够达标呢？迫不得已，她还要返工，熬夜加班，自己忙得连一口热饭都没吃上，因为过两天就需要提交方案。即便她忙成这个样子，依然还有闲散时间在群里吐槽，抱怨单位的领导"不近人情"。

"明天不是还有时间吗？为何今天要着急去做？"这都已经成了她深入骨髓的工作理念。带着这样的理念去工作，不仅不能够真正进步，更遑论在职场生涯中做出一番成就。而这位朋友就像一个盲目乐观主义者，总以为在人生的前方，还有很多时间等着自己。

某一天，我给她分享了一篇文章，希望能帮助她改变一下时间观念。文中说，人类的平均寿命大概是75岁，换算一下便是900个月，时间匆匆无可捕捉，我们更应该调整心态，利用好时间，不要为自己的拖延找借口。

两天后，这位朋友才回复我，她说领导找她谈过话，非常严肃地批评了她的拖延行为，而她最近也在反思自己，并深刻地意识到了自己这拖延的毛病确实害人害己。她觉得，自己之所以很忙碌却又毫无工作成果，正是因为自己时间观念不强。我鼓励她说，拖延症也是可以克服的，只要我们愿意，我们便是时间的主人。

现在，虽然这位小伙伴有时做事还是拖拉，但她已经有意识地改正自己的毛病，更难得的是，她开始变得惜时如金。以往，她在工作时间也要来群里聊天，或者刷微博、看八卦；如今她督促自己按照工作内容的重要程度，有选择地去忙碌。还真别说，工作效率一下子就得到大幅度提升。她说她希望自己尽快甩掉拖延症这个包袱，不再浪费一分钟时间。

除了对于职业生涯缺少规划以及做事拖延之外，还存在这样一种现象，也会让我们变得盲目，进而变得忙碌，这便是我们对自己的工作定位不明确。在很多时候，我们做事忙乱、毫无头绪，是因为不知道自己在团队中应该做哪些事、担负着怎样的责任。

某位朋友组建了一个知识付费团队，这个团队中的小刘姑娘，最初就因为对自己的定位不清晰，对工作内容不明确，每天都特别忙碌，可是没有一件事情能够有效推动工作进展。大家都看得出来，小刘姑娘很忙，每天跑进跑出。可她的这种忙碌并没有带来什么收益和效果，因而就是做了无用功，既浪费了自己的时间，也影响了团队的发展。

好在团队里的每一个成员都非常热情、坦诚。大家共同帮助小刘姑娘梳理了一番，小刘姑娘也找准了自己在团队中的定位。她性格活泼外向、同理心强，非常喜欢交朋友，因而她就负责团队中的外联工作。

在清楚自己的定位和职责之后，小刘姑娘便以极为严格的自我要求投入到工作中。一个人只有明确了自己的分内工作，他的注意力才能够最大程度地聚焦，工作效率才会提升。这时候，"忙"就不再是盲目地忙碌，而是有计划、有着力点地忙。

看来，要想忙出效果和成绩，我们就应该花些时间对自己的职业生涯以及工作内容进行一番梳理和整合。不然，我们在职场上每天都忙忙碌碌，可是用错了力气和方向，反而会耗费大量时间。

为能力做加法，为心态做减法

知乎上有一个热门问题：下班后闲下来的时间可以干什么？大家在问题下面的回答也很有意思。有些网友认为，忙碌一天后回到家里，那肯定要好好放松一下啊。但更多的网友却说，在时间、精力等条件允许的情况下，会去做一些提升个人能力的事情，比如写作、听课、练习外语、阅读等。总而言之，利用好下班后到睡觉前的这段时间，坚持几年之后，必然有所收获。可关键问题就在于，诸如读书、写作、跟着课程学习等提升自我能力的事情，需要我们长期坚持才能看到效果。不少朋友一想到这一点，便忍不住长吁短叹，倍感压力。

其实，大家的误区也正在于此：只知道拼命给自己施加压力，给自己灌鸡汤，催促自己不知疲倦地一路狂奔，却忘记了有句老话——"物极必反"。就比如说我看完《A4纸上看人生》的短片之后，不住地感慨时间真是太宝贵了，于是，在很长的一段时间里都极为发奋地工作。但这根弦绷得太紧，最后导致自己发奋工作却没有注意劳逸结合，反而落下了疾病，不得不放下手里的工作。

所以，我们在为自己的能力做加法的同时，也要为自己的心态做减法。这样，我们的职业生涯才能进入一个良性循环。

所谓为能力做加法，说的是我们应该有效利用眼下的时间，在自己感兴趣的领域成长和提升。当然，有些领域我们未必真正感兴趣，但是这些领域对于我们的职业发展颇有益处，我们也应该耐下心来，去深入了解一番。

就像知乎上提出的那个问题：下班后闲下来的时间我们可以做些什么？吃喝玩乐固然没有什么问题，但这对于自我成长和提升毫无益处。我有一位做职业规划师的朋友曾经这样建议过，在下班后的空闲时间里，我们可以学习与本职工作相关的技能。比如说，你的本职工作是一位语文教师，那么你就可以利用空闲时间继续扩展自己的阅读面，或者通过网络平台收看一些公开课的视频。在这个飞速发展的时代，身为教师，更要掌握诸多的教育资讯，尤其是与自己专业相关的。

《中国诗词大会》擂主夏昆老师就认为，身为教师必须先丰富和提升自己，才能给学生们展示一个更丰富的世界。因而他在从教之后的业余时间里，通过读书、听音乐、看电影等途径来充实自己的心灵。正是长年的坚持，让他能做到在课堂上旁征博引，让学生们惊讶于他这丰富的知识储备。这就是利用业余时间提升本职工作技能的典型事例。

此外，我们还可以利用业余时间培养几项兴趣爱好。有人从小就有一个当画家的梦想，有人则希望自己成为音乐家。但是在长大之后，由于外部环境和人生际遇的限制，我们童年的理想并没有实现。不过，我们可以在业余时间里，通过培养个人的兴趣爱好圆自己童年的梦想，同时也能帮助自己发展一下副业。而且，靠着兴趣爱好为本职工作添砖加瓦，也并非完全不可能。

瑞佳小时候的梦想就是成为一名歌唱家，她的嗓音得天独厚，并且对于音乐节奏十分敏感。奈何大学毕业之后，瑞佳回到家乡，当了一名会计。她想着，假如可以利用下班后的时间，系统地学习声乐，也算没有辜负自己儿时的梦想。

原本，瑞佳每天两点一线往返于公司和家庭，日常生活甚是枯燥。然而，当她重新拾起童年的兴趣爱好后，整个人变得活泼多了，家中每天充满了欢声笑语。人的心态得到改善，工作状态也与以往不同。通过业余时间学习声乐，瑞佳还参加过本地举办的业余歌手比赛呢。待瑞佳积累了相当的声乐知识和技能后，她就开始发展副业，对小孩子们进行指导。

你看，有效利用业余时间提升自我的人与那种下班后就玩手机、刷视频的人，他们的人生差别确实很大。可见，我们不论在工作上还是在生活上，业余时间用得好，都会获得正向的变化。这样的人生真是幸福。不过，我们需要注意一点：大家可不能为了提升而一再地逼迫自己，对自己施压。因为人如果长期生活在巨大的精神压力下，极有可能得到相反的结果。

我那位职业规划师朋友说得好。她说，有些时候，对自己提出过多的要求，并不能把自己变成更好的人，如果对自己持续施加压力，很可能会带来相反的效果。所以，我们在为能力做加法的同时，也应该对自己的心态做减法，舍去过多的心理压力。

所谓为心态做减法，就是说我们做事要张弛有度，即便发自内心地爱惜时间，也不能不分昼夜地加班加点。

很多朋友对于"爱惜时间"的理解有些狭隘，认为只有把时间用在学习、工作等"正经事"上，才是惜时如金的表现。实际上，我们在工作之余，也可以多多参加有意义、有价值的活动，比如艺术展、线下读书会、音乐剧、电影沙龙等。这些活动能够丰富我们的生活，帮助我们结识更多有才华、有思想的人，进而实现自我整体素养的提升。同时，这些优质活动能够帮助我们开阔眼界、增长见识，提升我们的认知水平，因而这就不算是浪费时间。并且，各种形式的优质活动还可以帮助我们暂时脱离忙碌的工作，卸下心理压力，保持身心健康的状态。

如果你性格内向，并不喜欢参与集体活动，但是你又不愿意让心弦绷得那么紧，给自己过多的心理压力，那么你可以通过其他的生活安排来放松身心，舒缓紧张的情绪。比如，下班回家后打扫卫生、整理房间；或是在双休日收纳物品，定期清理家中杂物。有些朋友可能认为，下班之后回到家中整理家务岂不是让身心更加劳累了吗？其实不然。我们在工作单位里做的事情与回家之后做的事情是两个完全不同的概念。在单位里做事往往是为了发展个人职业、获得薪资、体现个体价值并给社会创造贡献。但我们回家后做的事情，就完全与个人喜好相关，不会牵扯过多的利益。

时间管理存在于我们生活的方方面面，它不只意味着我们要利用时间进行高效的学习工作，同时也意味着我们应该学会在恰当的时间里做恰当的事情。很多人误以为只要在一张A4纸上画上900个格子，就能时刻提醒自己余下的时间不多，并鞭策和鼓励自己。但如果我们只是一味地对自己进行施压，却不知减轻心理的负重，我们又怎能有一个健康稳定的心态呢？

有些朋友可能不服：凭什么那些下班回家收拾家务的就算是正确利用时间，而下班之后大吃大喝的却被说成是浪费时间？

当然，下班后与朋友、同事偶尔聚会，那不是问题。问题在于，假如我们长时间在晚上吃吃喝喝，是不是会加重肠胃负担？是不是会影响健康？假如第二天你有一个非常要紧的会议，或者回家后还要继续处理比较重要的工作，你喝得酩酊大醉，岂不是会耽误事情？

时间管理，呈现出的是我们对待生命的态度。当我们把时间投入到能够长期产生价值的事中，这段时间就不算浪费。

著名植物学家卢瑟·伯班克说："时间不能延长一个人的生命，然而珍惜光阴却可使生命变得更有价值。"当我们学会根据自己的现实情况和实际需求安排时间，我们才算是懂得了如何生活；在我们珍惜光阴的同时，还能把控好生活与工作之间的平衡，不至于让自己背负着沉重的精神压力奔波在职场上，我们才算是活出了自己的人生智慧。

哪怕人生再紧迫，也不要忽略积累的过程

　　家境贫寒的美国作家杰克·伦敦，曾经制定过一个雄心勃勃的计划，他希望自己成为举世瞩目的大作家，渴望用笔杆子改变自己的命运，同时推动社会的发展。为了成为一个作家，杰克·伦敦曾经补课一年，后来考入加利福尼亚大学。可是，由于他的家境实在贫穷，难以支付学费，只读了半年书，杰克·伦敦就被迫辍学了。即便如此，他也没有动摇自己成为作家的决心。

　　被迫辍学后的杰克·伦敦依然孜孜不倦地学习，他在马克思、尼采、达尔文等人的经典作品中汲取思想养分。在最初写作的那段时间里，他写完一稿，投出一稿，便被退回一稿。虽然退稿的次数多，但杰克·伦敦并不灰心。尽管生活困难，要忙于打理日常杂事，他依然挤出时间写作。有时他在深夜奋笔疾书；有时则抽出时间读书，做笔记。1890年，杰克·伦敦发表了处女作《给猎人》，此后又创作出多部脍炙人口的作品，成为颇具影响力的作家。

　　匆匆逝去的时间把我们从青春年少变得满头白发，时间最残忍无情却也最是慈悲，因为它从不辜负那些在时间长河中辛勤耕作、持续积累的人。对于有些人而言，一天天的时

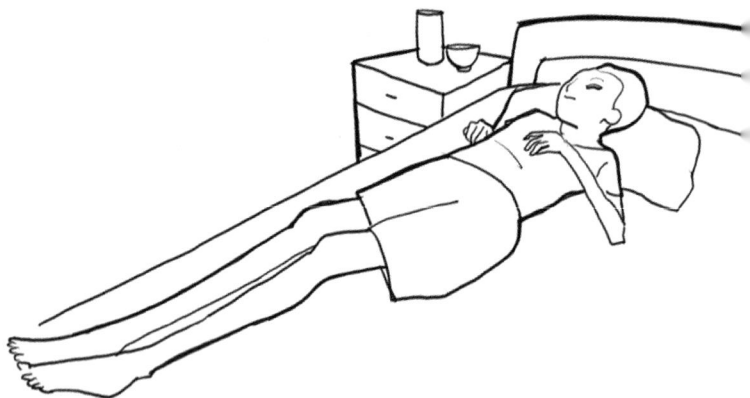

请给人生涂上色彩

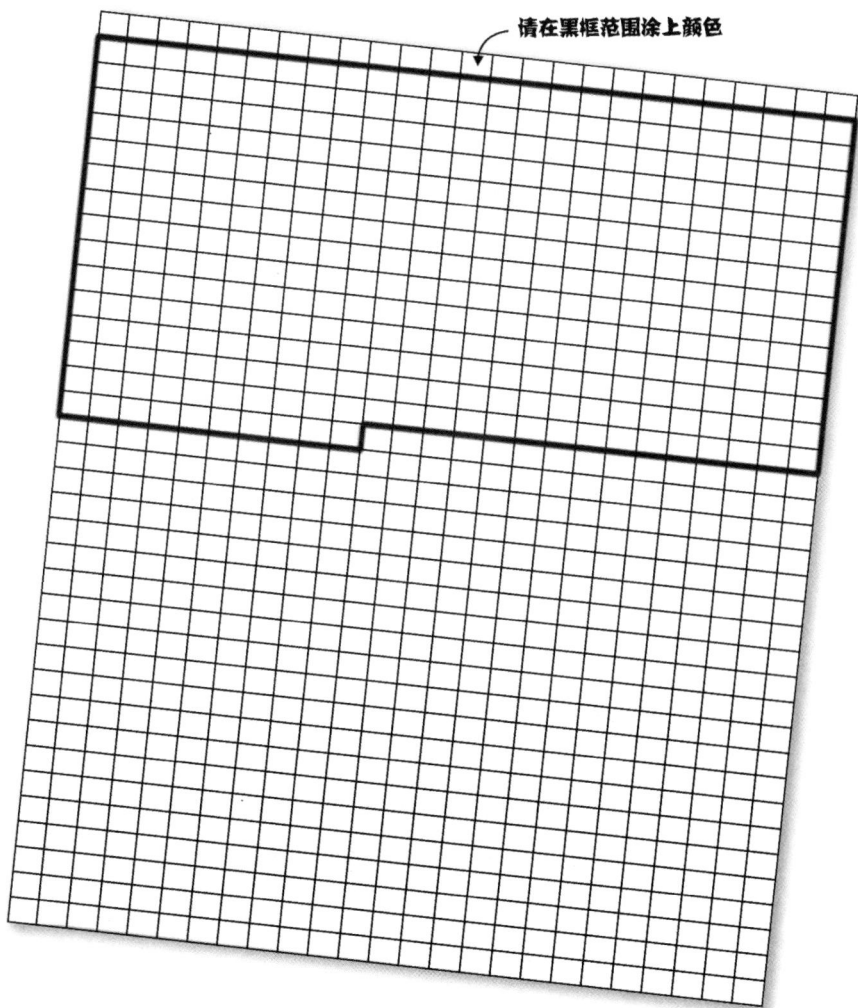

请在黑框范围涂上颜色

间过去后，他们双手空空、心无所得，因为他们从来没有把时间用在可供自己持续成长的地方；而对于有些人来讲，尽管时间走得匆忙，但他们从不浪费眼下的时间，更不曾浪费每一段人生。事实上，那些令人惊叹的事业也是无数个如你我一样的普通人一点一滴持续积累的结果。难怪稻盛和夫会说："所谓人生，归根到底，就是一瞬间、一瞬间持续的积累。"

我认识一位渐冻症患者。她从两岁被诊出患病，到现在已经 30 多年了。由于身体条件不允许，她只能在家接受初等教育，而来到她家，为她传授知识的则是街坊邻居和亲朋好友。

待她掌握基础知识之后，便来到一所特殊学校，继续接受教育。她像别人一样，读完了小学，顺次进入初中和高中，最终由于身体情况所限，只能通过自学考试获取相应文凭。这位渐冻症患者朋友打字的速度远远慢于正常人，可是靠着时间的积累，她竟然利用两三年的时间写完了两部网络小说以及一本个人传记。在普通人网购、打游戏和刷手机的时间里，她很可能在缓慢地敲着键盘，书写着自己的人生故事。时间能够让弱小的树苗长成参天大树，也能让一个人的灵魂逐渐充实、丰盈。

有人问她，身体行动不便、每天病痛缠身，难道不觉得苦闷吗？她说，童年的自己确实为此而苦闷，读了很多书之后，她便不会这样想了。因为她没有时间来苦闷，只想把生活中的所有时间都用来做自己热爱的事情。

上个月我去看望她时，她正在自家院子里，一边晒太阳一边看杂志。她笑盈盈地说："只要自己每天进步一点点，那么日积月累之后，便能够看到丰厚的收获。"就在那一刻，我觉得她不施粉黛的面孔当真漂亮极了。

不论是知名作家、企业家还是我们普通人，实际上都可以把时间作为一种财富进行积累。比如说，我们在上下班的途中练习英语听力，或者在排队的时候通过软件收听某一门课程。虽然我们要克服着自己身体上的疲倦，但是如果我们长期坚持下去，我们的英语水平就会切实地得到提升，我们在某一个领域就会收获一定的知识。如果我们在每天上下班的途中，只看小视频或者刷微博、聊微信，这就是浪费了时间，而不是积累时间。

可见，所谓"积累时间而带来收获"并不是说我们随便找些事情长期坚持下去，就能有所收获。我们选择的事，必须让将来的自己在某一方面得到持续提升和成长。否则，看视频、聊微信就算坚持100年，也不会给我们带来切实的提升。

难怪孙正义会说，人们应该用投资的思维来使用时间。就好比我们在上下班的路上练习英语听力，或者学习其他的知识，这样我们学到的这些知识就会内化为我们的能力，并成为一种无形的资产。说不定，我们在未来的工作中正好可以用到这些知识和技能。如果我们看到有人在职场上纵横驰骋、潇洒无比，倒不用嫉妒别人的能力，而应该首先想到，那个人也是通过时间积累而收获到某种工作能力的，既然别人可以，我们自己为何不去坚持呢？

平时经常听到一些朋友说：人生可利用的时间太短暂，而要获得某些知识和技能就需要较长时间的积累，有谁耗得起呢？尽管我们深深地感受到时间的压迫感，也不可以省去长时间积累这一过程。

如果你觉得自己平时过于繁忙，实在难以找到时间进行知识技能方面的积累，那这绝对是因为你没有做好科学的规划。从这段时间来说，我们的目标只有一个，那便是做好今天的事。要完成这个目标，我们需要不断做减法，把无用的事情从今天的计划表中剔除掉。

朋友小李曾坦诚地说，他之前也是一个喜欢把各种事情放到一起的人。后来他改变了做事方法，不仅节省了时间，还提高了工作效率。他把每一天都"切割"为几个时间段，并且要求自己在不同的时间段中只做一件事。

或许你会觉得这样做事，一天也难以完成什么任务。可惜你想错了。小李说，他不仅能够更加专注地完成工作，而且由于内心专注，整个人也不似以往那般浮躁了。我劝大家不要小看身边的每一件事，哪怕事情再小，它们也组成了我们今天的人生；而我们这一生，便是无数个"今天"的集合。小事情不断积累，最终也能帮助我们稳步走向大事业。

但有一点我们需要有一个清醒的认知，不论做大事还是小事，都应该发自内心地坚持，而不是为了表演给谁看。

读大学的时候，某位同学经常在人多的地方戴着耳机学英语，给人一种非常努力刻苦的印象。但其实，他的心思并没有停留在英语课文上，而是想着晚上的烧烤、隔壁的班花以及篮球场上的竞技。

我们做事，如果只是为了装出样子来给别人看，那可真是既浪费时间又消耗精力。而这位同学的行为，看似在积累，实质上这些时间都被他浪费掉了。如果我们并不能从某种始终坚持的行为中有所收获，那么我们做的就是无用功。

就像那位假装练习英语听力的男生，他和别人一样地花了时间，可别人是把注意力集中在英语课文上，而他的心思却根本不在学习上。所以，他哪怕比别人多用一倍的时间，也不会提升英语水平。

在我们的日常生活中还有一种人，他们看不起小事，认为人要活得精彩，就得做出一些大事来。可如果没有无数个小事架构成事业的阶梯，我们又怎么可能攀爬上事业的高峰？再说，从小处着手进行积累，还有这样一个好处：因为大多数所谓的"小事"难度系数低，故而我们很容易树立起自信心。这些"小事"长年累月地坚持下去，也能为我们的职场发展增添无限可能。

肖亮自打来到公司上班的那天起，就有一个与其他同事不一样的习惯：每天早晨，他都比其他同事更早一些来到公司，然后利用正式开工之前的这段时间，把需要提交的资料、报表或者昨天的工作内容，检查一遍。肖亮的这一习惯已经保持多年，即便如今他已经升职为部门总监，也依然保持着这个习惯。肖亮还有一个坚持了多年的习惯，那便是借鉴他人的成功案例作为自己职场上进步的阶梯。而这些积年累月坚持下来的小习惯都成为肖亮职场上的加分项。

最初很多人并不理解肖亮，觉得他不过是在一家三流公司的一个小职位上工作，何必如此辛苦？可是肖亮很明智地选择了"先苦后甜"。他说："世界上不存在天生就成功的人，我们每个人一点一点慢慢来，把自己这个成长的过程交托给时间，我们只要真正付出努力就好。"

正如高尔基所说："时间是最公平合理的，它从不多给谁一分，勤劳者能叫时间留下串串的果实，懒惰者时间给予他们一头白发，两手空空。"希望我们在各自的职场之路上，都能够有所积累，有所坚持，最后带着微笑去摘取属于自己的胜利果实。

格子之内是行动，格子之外是见识

　　剧作家、诗人莱尼斯说："时间是最不值钱的东西，也是最宝贵的东西，因为有了时间，我们就有了一切。"

　　但是，为什么有些人并不缺少时间，可他们就是一事无成呢？这大概是因为，他们从来没有制订好规划；或者即便制订了规划，也没有脚踏实地朝着目标努力前进。还有一些人则是初次面对职场时非常迷茫，而越是迷茫，就越是不肯行动和制订规划，甚至都不敢摸索自己的成长方向，生怕自己哪里做错。这些人纠结着、犹豫着，眼见时间飞快地流逝，他们的内心顿时生出焦灼的感受。

　　但是也有另外一些人，即便他们尚未步入职场，却已根据自己的实际情况制订好规划，然后踏实地朝着目标前进。这些人也会有迷茫的时候，但他们想的是，人越迷茫，越应该具有行动力，不能总在原地转圈，不然就会浪费可贵的时间。这些具备行动力的人，虽然也会犯错，但往往在职场上发展得都不错。这与他们良好的行动力有关，更与他们对于时间的正确认知有关。

　　对于不同的群体而言，时间有着不同的意义。假如你是一位老年人，那么时间意味着你这一生的经历与经验；假如你是一位商人，那么时间意味着你能赚多少钱；假如你是一个无所事事的人，那么时间对于你来说毫无意义。很显然，在不同的人看来，时间有着不同的价值。即便是那些浑浑噩噩过日子的人，也不愿意缩短自己生命的时间。

在人生这张A4纸上，填充一个个小格子的是我们的行动；而在这格子之外，则是我们对于人生的理解以及看待问题的视角。

有些人经常因为自己缺少人脉、金钱、学历、经验等资源和条件，难以找到真正理想的工作或者难以在职场上进一步发展。但是，与其感叹我们缺失的这些资源和条件，不如掌握好我们手中现有的资源，这便是时间。

只可惜，人们并不会珍惜自己手中的资源，到头来反而埋怨命运待自己不公。殊不知，我们一生中的诸多困境，实际上都是我们自己制造的。多少人犹豫、纠结、拖延、想得多而做得少，一生就毁在了这上面。

程君就是这样一个容易犹豫、纠结的人，他往往想做一件事想了很久，却难以下定决心。于是，他在原地踱步、一再徘徊，不过是眼见着时间匆匆溜走，徒留悔恨而已。

大学毕业前夕，程君的室友们有些参加工作，有些准备复习考研。大家问起程君的打算，程君耸耸肩，压低声音说不知道。实际上他非常渴望加入考研大军，却因为平日里的成绩并不拔尖，所以不知所措。

睡在程君上铺的兄弟郭亮建议他，还是要尝试一下去找找工作，要不先回老家，找机会做些什么，不然，整个人这样闲下去，就很容易变颓废，那岂不是浪费时间？程君认为郭亮说得对，他打开电脑，开始找公司，投简历。

过了几天，程君另一位室友建议他继续考研："你看咱们班那谁，学习成绩还不如你呢，现在还不是每天凌晨5点就起床，6点就奔向自习室，每天连轴转地复习功课？你实力比他强，应该继续读研啊，别放弃！"

程君转念一想，觉得考研也不错。那些学习成绩不如他的人都加入了考研的队伍中，他的成绩在中上游，假如好好复习几个月，肯定能考取不错的成绩。于是，程君买来考研复习资料，准备第二天复习英语。

两个月后，郭亮在自己的家乡找到了一份工作，虽然起薪并不高，可是公司愿意培养他们这些新人。又过了两个月，劝说程君考研的那个室友报了一个辅导班，开始没日没夜地啃资料，也成了考研大军中的一员。

可是程君呢，只是零零星星地投了几份简历，而且还是在没有摸清应聘公司状况的前提下投递的。他平时也在复习英语和其他课程，但是由于不专注，复习效果也很一般。他依然犹豫着、徘徊着，不知到底应该先找工作还是继续考学，而时间就在他的犹豫和徘徊中，一分一秒地流失了。

一年之后，郭亮早已成为公司的正式员工，由于他做事踏实、聪明好学，颇受部门领导的重用；劝说程君考研的那个室友，经过调剂，来到外省的一所高校读研。只有程君，两手空空，目光空洞，他既没有找到合适的工作，也没有考上研究生。因为他在近一年的时间里，都在犹豫着自己要做什么、不要做什么。

程君的家人为他找了一份工作，与他的专业并不对口，不过单位里的老师傅都愿意帮助新人。程君并不满意这份工作，但他实在不知道自己还能做什么。程君想过，以后一边工作一边继续考研；也想过离开家乡，投奔郭亮，与昔日的兄弟一起打拼；还曾想过跟着小姨做生意、炒股，实现经济独立。可惜，他也只是停留在"想想而已"这个阶段，整个人依然很是迷茫，做事也依然纠结。但时间却不会等他，而人生又怎么能还有20多岁的好年华？

德奥弗拉斯多说："时间是一切财富中最宝贵的财富。"很多人，他们没有地位、背景和启动资金，也没有学历，但是他们却掌握好了自己手中的时间，在各自的领域和行业中埋头做事、抬头赶路。哪怕十几、二十年的时间过去，他们依然初心不改。时间不会亏待他们，会给他们最公正的回报。反观那些总是处在迷茫状态、做事总是喜欢纠结的人，时间带走了他们的青春、侵蚀着他们的健康、剥落了往日的生活热情，而最终他们却什么都不会得到。

好友莉娜说，尽量让自己忙碌起来，这样的日子就会更加充实。如果自己连吃顿饭、散散步都要挤时间，那么就没有多余的时间去迷茫、去纠结。试错不会浪费时间，一直停留在迷茫纠结的状态中，那才是对生命最大的耗损。

面对有限且不可逆转的时间，我们不仅应该行动起来，还应该及时更新自己的思维模式，逐步提高自己的见识。观念支配行为，你具备怎样的思想观念，便会做出相应的行为。人，永远不会超出自己现有的认知水平去做事。吴军博士认为，一个人的成就首先取决于他的"见识"。比如，一个对时间毫无概念的人，你就不要指望他能够高效地使用时间。

在我们的读书打卡小分队里，有个名叫夏裕的伙伴，他说加入读书打卡的阵营里，就是为了接受同伴的监督，督促自己多读书、多练笔，不断提升自己。没想到，此人话说得很响亮，但落实到现实行为中，却实在令人不敢恭维。按照读书打卡小分队的规则，每天大家要在群里分享自己的读书心得，并且不定期地还会举办"书评大赛"。可这个夏裕一共坚持了 5 天，便不再遵守规则。

在大家的反复追问下，他才说道："唉，没办法，自己工作太忙啦。"待大家与夏裕认识好长一段时间后才知，这个人完全没有时间观念，做事极为拖沓。连他也说，往往自己用 48 小时才能做完的事情，别人 24 小时就可以搞定。既然意识到自己的时间利用率过低，那么就想办法对自己的缺点进行弥补和改正。可是，夏裕却对我们说，他在思考如何彻底解决自己身上存在的这个问题。等下个月，我们再问起他时，他说自己还在思考之中。总之，他只会"想"，不会"做"，既缺少勇于实践的行动力，又缺少一个职场人应有的成熟和见识。

我们的整个人生由无数个行动组成，所以说，人生是一个动态的过程，而时间则为我们的整个行动过程提供了无数机会。有人充分使用了时间这一资源，在自己的人生沃土上摘取到丰硕的果实；而有些人则手握大把的时间却不知好好利用，在他们的那张人生 A4 纸上，或许也只有星星点点的几抹亮色。

高效率工作的秘诀在于进入"心流状态"

积极心理学奠基人之一、美国知名心理学家米哈里·契克森米哈赖提出过这样一个理论：当人们进入全神贯注、投入忘我的状态时，就会情绪高涨、幸福感倍增，甚至感觉不到时间的存在。这种状态，便是"心流状态"。

契克森米哈赖搜集了大量的心流体验，作为支持自己研究成果的证据。他认为，要进入心流状态，就需要先找到自己真正喜欢做的事，这样才能提升幸福感和工作效率，并且让自己的人生变得更充实。

但对于一些人来说，他们并不知道自己真正热爱的事情是什么。可能你喜欢上网聊天或者玩游戏，但这些不过是打发时间而已，并不能够产生价值和提升自我。

有些朋友的做法则是先找一份工作尝试一下，在尝试的过程中留意自己的兴趣爱好与眼下的工作是否有结合点。不止一位朋友表示过，这种方法既可以帮助自己发现真正热爱的事情，又不会因为长久找不到热爱的工作而空耗时间。用好友张尧的话来说，在规划职业生涯的时候，我们不能只用脑子想，还要具体去尝试，多尝试就会发现自己能做什么、喜欢什么、做哪些事能够为社会创造出价值。

之前听到过这样一种说法：我们会被塑造成什么样的人，与我们本身追求的终极目标有关。但我觉得，我们会被塑造成怎样的人，还与我们如何使用时间有关。换言之，我们希望自己成为怎样的人，就把目标确立在何处，把时间用在哪里。如果最初没有一个清晰的方向，那么就多尝试，很多时候，我们在尝试的过程中，也会进入心流状态。

我们要用一天才能做完的工作，很多高效能人士可能四五个小时就可以完成。而他们之所以被称为高效能人士，正在于能够快速进入心流状态。其实，这种心流状态并不神秘。我回想了一下，某次自己与好友一起爬山时，整个过程充满了"好开心，好快乐"的感受，虽然那座山很高，路很陡，可我并不会觉得累。而这种状态，就是心流。当我们进入心流状态时，不仅会异常兴奋，而且还难以察觉时间的流逝。在这样浑然忘我的状态中做事，效率必然很高。

比如我的好友张尧，他的本职工作是一位平面设计师，但他非常热爱写作。读大学的时候，他就在校报校刊上发表过诸多文章；工作十余年，哪怕每天工作到很晚，他依然坚持每日更新。张尧身边的朋友都知道，他每天都会写一些零零碎碎的文字，这是他雷打不动、坚持十几年的事情；待到手头工作少的时候，便重新整理以往写过的内容，争取做到一天比一天精进，让文笔和思想同步提升。

张尧说，当他进入写作状态的时候，浑然不觉时间流逝，有一次他回家后已是深夜，等写完一篇读书类的文章，才发觉已到凌晨。张尧这种坚持了十几年的爱好，如今已经成为他的副业，而通过阅读、写作，张尧在平面设计方面的能力，也得到了巨大提升。此外，他还尝试着在本职工作中快速进入心流状态，以提高工作效率。

现在很多朋友都意识到，利用业余时间培养某项兴趣爱好，或者学习某项新技能，不仅可以重新塑造自己，将其发展为自己的副业，而且可以通过副业辅助主业，或者把副业变为生活中至为重要的人生体验。

就像美国诗人艾米丽·狄金森。最初的时候，她只是把诗歌创作当成一种兴趣，随着创作的深入，她发现写诗已然成为自己的专业技能。据艾米丽·狄金森本人说，她正是在诗歌创作的过程中体验到了幸福和快乐。对她而言，进行诗歌创作的时刻是她最为重要的体验，她在写诗的时间里感受到无限幸福。

进入心流状态时，我们整个人都沉浸其中、无比专注。同样的道理，当我们集中注意力于某件事情上，也可以帮助我们快速进入心流状态。这是一种非常优秀的工作习惯，并且有助于我们提高工作效率，节省工作时间。

要想进入心流状态，除了要选择自己真正热爱或者真正体现出个人价值的事情之外，我们还要尽量远离一切外部干扰。

举个例子。如果我们工作的时候，一会儿来一条信息，一会儿接一个电话，或者有人跑来与你闲聊，那么，这些外部的干扰就会一再打断我们的工作思路，我们就很难进入心流状态，难以提高办事效率。在这样的情况下，我们的时间利用率也就打了折扣。说得直接一些，外部干扰越多，我们的时间就越不值钱。

进入心流状态，我们需要的不是等待，而是行动。通常来说，缺少时间紧迫感的人，最容易停留在等待的状态之中；而那些真正珍惜时间的行动派，则在稍微调整一下身心状态后，便投入工作。或许他们最初也没有头绪，但是在做事的过程中，他们整理出了思路，因而后面的工作也极有可能顺利完成。最怕的就是那种不论做什么事，都要等待自己进入状态的人。因为这样的人不只浪费了自己的时间，更会拖慢团队的进度。

我有一位合作伙伴，他就是那种大多数时间都用来等待的人。比如说，我们问他某个项目方案做得如何了，他说他在等状态；过了几天，我们又问这个项目的进度，他说他最近情绪波动太大，要等情绪平复之后才能给我们答复。但是，等他的状态和情绪都调整好了，这个项目也被彻底拖垮了。

我举这样一个事例，并不是说我们要当个工作机器，不能有负面情绪和低潮状态，而是说，我们的情绪和状态决定了时间分配，应该学会自我调整，而不是因为自己情绪和状态不佳，就放下工作，拖垮团队。

之前听一门时间管理的课程，授课老师讲了他们的平台在初创期与各种客户打交道时的场景。平台的李老师遭到多位客户拒绝时，他的反应是："虽然结果很让我失望，可我得到了成长的机会，并锻炼自己以改进不足，自己下次再做产品时，就不会这样盲目了。"可是，面对同样状况的王老师却想："今天实在太倒霉了，连续被三个客户拒绝了。唉，为什么做点儿事业这么难？可悲的人生啊！"

这是两种截然不同的情绪和心态。当两个人带着完全不同的情绪和心态去安排个人的时间，他们的侧重点是完全不同的。

李老师认为，客户拒绝自己，必然是自己哪里做得不到位，或者是课程内容质量有待提升。于是，他的业余时间就用在提高自己、打磨内容上。而王老师始终带着自我怀疑的情绪，她时不时拿出手机，在亲友群或同学群里吐苦水，然后还买来零食、可乐，说是要给自己一些安慰。

两个人对待负面情绪的方式不同，在业余时间做出的安排不同，可想而知，在一段时间后，两人差距将会越来越大，并且取得的工作成绩也会不同。我们的情绪和状态决定了我们如何分配时间，而我们如何分配时间，又决定了我们在一个时期内的职业发展。

就像我那位热爱写作的老朋友张尧，他也遭遇过各种打击，可他总是及时调整自己的情绪和状态，进而合理地安排时间。他说，坚决不能被负面情绪和低落状态击溃，所以，他会通过唱歌、跑步等方式来宣泄负面的感受，而不是停留在负面感受中。

之前就听一位自主创业的朋友说，时间管理最关键的一项，便是情绪和状态的管理，而那些擅长自我调整的人往往更容易进入心流状态。这是因为，他们善于使用自己喜爱的方式排解负面情绪，从而减少情绪对自己的干扰。当一个人没有了这种内心的挣扎，就会集中注意力，自然更容易进入心流状态。

在我们的现实生活中，不可避免会存在很多争执、纠纷以及其他麻烦，但其中大部分都是无谓的人与事，我们不必让自己陷入这些争执、是非和麻烦当中。想想央视那个《A4纸上看人生》的短片，我们的时间本就有限，如果我们与这些无谓的事情过多纠缠，我们这有限的时间和精力岂不白白耗去？

我们明确了时间的价值后，更应该明确如何使用时间。当我们把无谓的事情和外部的纷扰，统统屏蔽在工作与生活之外，集中注意力做那些真正有价值、有意义的事情，我们便自然而然进入心流状态。在这样的状态中，当下即是永恒，我们已然摆脱了时间的限制。

自己的成功，靠自己成全

最近几天，身边的朋友们常常感叹时间不够用，大家忍不住发问"时间都去哪儿了"。另一位好友则表示，临近年底，看到各种日历在预售，她感觉时间的脚步又加快了不少，梳着马尾走入大学校园的场景仿佛就在昨天，而一转眼，自己已经在职场摸爬滚打了 10 多年。

在人类的文化中，格外强调时间的宝贵性。像你我从小就熟知的"一寸光阴一寸金，寸金难买寸光阴"，极言时间的价值无可估量，同时也表现出时间匆匆而过的动态形象。

既然人生短暂，那么就应该做时间的主宰者，争取每一天都好好利用，而不是翻过一张张的日历后，又丧着脸抱怨自己什么事情都没做。

那些成功人士之所以在各自的领域中独占鳌头，很大程度上是因为他们能够挖掘出时间的可利用价值。这也提醒了我们，自己的成功，只能靠自己成全。同样是一天 24 小时，勤奋者能够创造一定的社会价值，体现出个人超凡的能力；懒惰者则沉浸于玩乐之中，时间也就一文不值。

就在上周，有个小姑娘向我抱怨："同学聚会时见到了久别老友非常开心，可是我发现短短几年时间没见面，这些老同学中，有人开起了公司，有人成了公司的高管，只有自己一事无成。难道就只有我一个人感觉时间不够用吗？"

我想说的是，如果你是一个想得多、做得少的人，那么你的时间肯定不够用。因为你的时间用在了构想未来的蓝图上，却没有用在当下的工作中。

就像这位小姑娘，她也不好意思承认，平时自己把大量的时间用在了设想未来：自己要买一套什么品牌的时装，开什么样的车子，要住在黄金地段的高档住宅，要有多少年薪和什么样的职位……

实际上，我们并不是不需要勾画未来的蓝图，而是应该想到就去做，不要让自己永远停留在美好的想象中。

知名演讲人、管理思想家惠特尼·约翰逊，在美林集团担任秘书工作时，就经常构想自己该有多么精彩的职业生涯。她说，她在吃午餐时经常会陷入这种美好的想象中。但她并没有停留在"想"的阶段，而是脚踏实地去发展事业。

最初，惠特尼每天的工作只是整理文件，处理一些琐碎杂事。可她并不甘心只做这些事情。为了能够进一步取得发展，她就利用一切空闲时间去学习投资方面的知识，即便每天的工作内容很繁重，也不曾停止过学习的脚步。

时间总是匆匆，惠特尼·约翰逊却与飞逝而过的时间握手言和，以过人的毅力迅速成长起来，从一名秘书成为美林证券公司的股票分析师，之后又成为投资人和企业家。在一场演讲中，惠特尼·约翰逊坦言自己的事业发展也曾陷入低谷，她由于工作压力过大而脱发、失眠，即便如此，她也不曾松懈下来，哪怕松懈的时间只有一分钟。

反观那些从学生时代就缺少时间观念的人，他们真正步入职场之后，也难以觉察浪费时间会给自己带来多么严重的后果。

曾经在美国银行担任律师的埃琳·彻丽，受到金融风暴的影响丢了差事。尽管她陷入了人生的泥潭，却没有打算就此止步，而是决定后退一步，先给自己充电，而后再进入其他领域，寻求个人的发展机会。对于金融学专业出身的人而言，要转行接受其他领域的培训学习也有难度。她要照顾家庭，要安抚爱人的情绪，要辅导孩子的功课，在这之外的时间才属于她自己。

埃琳·彻丽的一些朋友帮她找了一些兼职，只是这些兼职给的报酬极低。埃琳·彻丽认为，自己的时间和精力有限，她必须把时间和精力用在真正能够改变自己生活的重要事情上。所以，她放弃了这些兼职。

经过较长时间的培训学习之后，埃琳·彻丽加入了一家咨询公司，开朗乐观的她很快融入团队并成为受人欢迎的咨询师。在新的工作领域中，埃琳·彻丽再次找到了成就感。"我从来不曾想过，离开银行之后还能在其他领域做得如此出色，想想我就感到激动。"埃琳说道。一个人在职业生涯中投入时间、耗费心力，就好比在命运的土地上撒播种子、努力耕耘，只要尽心尽力，就把结果交给时间吧，时间总会回报以惊喜。

威拉姆特大学的教授罗伯·魏特班，花费近10年时间追踪天使基金的投资回报率。他根据追踪结果提出，每个参与者都有获得成功的机会，但前提是不要中途放弃，这就是所谓的"机会平等原则"。这也充分说明，我们做一件事情是否能够成功，很大程度上取决于我们是否在漫长的时间中坚持下来，是否在做事情的时候采取了正确的方法。

最怕的就是，我们在做事的过程中半途而废，或者从来不曾认真对待过自己的工作和时间。通常来说，这样的人很可能是个机会主义者，他们不相信"一分耕耘，一分收获"这样的道理，也不相信时间在每个人的职业生涯中所起到的关键性作用。他们追求一日成名、一夜暴富的美梦，只可惜到头来，不仅会失去珍贵的时间，更可能以悲凉惨淡的结局收场。

还有些人，总喜欢把"时间不够用""没有时间"这样的话挂在嘴边。他们拒绝学习和成长，以为只要守住职场上的某个位置，便可以高枕无忧。在这个高速发展的社会，很多行业都在发生急剧的变化。你不学习和成长，那么你应对变化的能力就会降低。歌德说过："只要我们能善用时间，就永远不愁时间不够用。"而那些说自己"没有时间"的人，只是不愿辛苦付出而已。

如果我们具备成长思维和时间观念，我们就不会放弃任何一个能够提升自己的机会。即便遇到了职场困境，只要我们依然有一颗追求事业的心，就不会被局限在这困境中。不论是惠特尼·约翰逊，还是埃琳·彻丽，她们都有过职业生涯中的低谷期，但她们选择挤出时间进一步提升自己。因为她们深知，一个人的成功，终归要靠自己成全。

从"小白"到专家，不过是14个格子的距离

相信你也像我一样，听说过所谓的"1万小时定律"：资质平平的普通人从新手到大师，至少需要1万小时的锤炼。当时我傻乎乎地认为，做任何事情，只要坚持1万小时，基本上都可以成为该领域的专家了。

这听起来似乎没有什么难度，可是，为什么很多人在某个领域耕耘了10多年，却依然成绩平平呢？难道他们的能力经过10多年的锻炼，依然没有得到长足的进步吗？这个问题困扰了我很长一段时间。

前不久，我在读美国作家卡尔·纽波特教授的《深度工作》一书，看到书中提到这样一个公式：高质量工作产出＝时间×专注度，这时我才恍然大悟——原来，从"小白"到专家的这个过程中，仅仅凭借时间的积累不够，还需要人们在较长的时间内高度专注于自己从事的领域。

出身于波兰后裔家庭的玛莎·斯图尔特，便是在自己热爱而擅长的领域，投入了大量精力，最终成为凭借自主创业而致富的女企业家。

玛莎·斯图尔特家境非常贫苦，自幼年起，便要帮助母亲做很多家务。她修剪草坪、缝补衣物，虽然劳动的时候很卖

力，可由于年纪太小，做事缺少经验，因此她的劳动效率非常低。年龄稍大一些之后，玛莎·斯图尔特几乎包揽了绝大多数家务。此时的她已经具备丰富的家务劳动经验，因而经常被母亲和邻居夸奖，大家都夸她很能干，把各种家务都料理得那么棒。

很多人认为玛莎·斯图尔特从小就操持家务，肯定特别辛苦，特别不开心。事实恰好相反，她通过家务劳动找到了乐趣。在打扫庭院、修剪草坪的过程中，玛莎·斯图尔特逐渐培养起对于家务劳动的热爱。

成年之后的玛莎·斯图尔特在华尔街做过股票经纪人，可一场金融风暴之后，她失去了工作。为了生计，她发挥出自己出众的家务管理才能，帮助街坊邻居们打理家务，并以此获取收入。渐渐地，她打理家务的才能进一步得到了提升，她再也不是从前那个什么都做不好的小女孩，而是被美国媒体公认为的"专家级别的家务管理员"。在准备一番后，玛莎·斯图尔特便开始自主创业，项目便是自己投入大量时间和热爱的家务劳动领域。

很多人非常好奇，同样是打理家务，为什么玛莎能够做得又快又好，还别具天赋，甚至还把自己的强项转化为创业的资本？毕竟，玛莎·斯图尔特在家务劳动方面投入了大量时间，并且耗费了极多的精力。从她幼年开始操持家务劳动算起一直到她开创"玛莎帝国"这个过程，用去了玛莎几十年的时间。如果按照每个月就是 A4 纸上的一个方格来换算，那么，玛莎的这张人生 A4 纸上，可全是关于家务劳动的记录。按照卡尔·纽波特教授所说的"高质量工作产出＝时间 × 专注度"那个公式来说，玛莎·斯图尔特在她热爱的领域投入了大量的时间和足够的专注度，她自然能够成为该领域的专家。

但遗憾的是，大家只看到了玛莎通过打理家务获取了巨额财富，开创了自己的事业，却忽略了玛莎为此付出的大量时间。如果没有时间的积淀，玛莎又如何能够成就自己的事业呢？要知道，玛莎从童年时代就开始打理家务，为了能做得优质高效，她放弃了与小伙伴们玩耍的时间。俗话说，你把时间用在哪里，你就会成为怎样的人。如果你对自己感兴趣的领域付出了相当多的时间，也投入了足够的专注度，那么你也能够成为该领域的专家。

此外，投入大量时间并不等于用我们的今天重复昨天。如果是这样的话，那么我们付出的时间和投入的专注便是毫无意义的。这就需要我们树立正确的观念，掌握正确的方法。不然，只是盲目地付出了时间和精力，却没有收获到相应的回报，这不就是浪费人生大好时光吗？

要想从行业"小白"成长为领域专家，最迅捷的一个方法便是在有了一定积累之后，就开始实践。就像玛莎·斯图尔特，她都是一边打理家务劳动，一边思考还有哪些方法可以提高劳动效率和工作质量。如果她只是埋头家务劳动而不思考改进方法，那么她不过是用今天重复昨天，又用明天重复今天，无法提升能力；如果她只是在原地冥思苦想，却没有任何实践积累，那便如同空中楼阁，没有根基，只能靠想象。所以说，有了一定的基础之后，进行实践，通过实践得到反馈并总结经验，这才是一个比较高效的做事过程。

可能有些朋友要说了：我就不能等到自己掌握更多的内容或者自我感觉不错时，再进行实践吗？从理论上说，这完全没有问题。但是，大家想一想就会知道，这种做事方式，有些浪费时间。

就像我的老同学王金荣，初中开始学习外语的时候，就拿着厚厚的单词书背了许久，之后又积累很多语法知识以及固定句式。初中毕业考试结束后，她与父母出去旅游。尽管她觉得自己英语会话能力还不错，但是在旅游途中遇到问路的外国友人时，也只会说简单的几句话，完全不能帮助外国友人解答问题。为此，王金荣很纳闷：明明自己用了很多时间学习英语，可怎么到头来，也说不出几句话呢？

再来看我另一个同学张谦的事例。同样是从初一开始学习外语，张谦每天都会用学到的词汇、语法和句式，与其他同学进行简单的对话练习。待他稍微有所积累之后，就隔三差五地跑到高中部与学长学姐们进行对话。初中三年时间下来，张谦的英语水平比我们这些同学都要高。虽然，张谦并没有像王金荣那样有机会出去旅游，但是，他在边学习边实践的过程中得到了真实的反馈，所以他学习英语的时间与王金荣一样长，可他的学习效果却比王金荣更好。这就说明，采用科学的做事方法，能够在单位时间内大幅度提升我们的某种能力。

张谦在读了大学乃至参加工作之后，依然采用这样的方法。比如，他学习制作 PPT，就是在有了一定积累之后开始进行实际操作，而不是等到制作 PPT 的知识点都学完后才着手实操。在实操过程中，他不断接受外界反馈，因而他能够较快地从一个新手成为 PPT 制作高手。

投入足够的时间和专注力，确实是我们从"小白"到专家这一过程中不可缺少的积累。但是这种积累也离不开科学高效的方法。从"小白"到高手的过程中，有许多种科学高效的方法，究竟哪一种最适合自己，这就需要我们自己在有所甄别之后再亲身实践。而且，做事方法也不是一成不变的。很多理论和方法，最初非常有效，但之后却需要改进。

有些朋友说，只要时间积累得足够了，哪怕自己只是一再复制昨天和今天，即便没有成为高手，也一定不会差到哪里去。如果你抱着这样的想法进入职场，那你无异于在浪费时间，甚至不客气地说，你在亲手断送自己的职场生涯。

在这个快速发展的社会里，希望能够在某个领域成为专家的人数不胜数，你认为自己只要花时间去重复昨天的成果，就可以永远在某个领域中站稳脚跟，这种想法可真是算不上聪明。每天有多少人花费着大量时间去学习、去实践，只为尽快度过新手期，努力成为某一领域内的高手。你可知道，自己虽然谋求到了某个还不错的职位，拿着还算可观的收入，可潜在的竞争对手又有多少？

还有些人可能因为自己已经是某一领域的专家、高手而洋洋自得。但如果他们意识到，时间能够帮助更多的优秀者成长为比你更厉害的专家、高手，那么他们就不会这样一直得意下去了。

在时代发展的洪流中，没有谁会一直位于行业的顶端。那些领域内真正的专家，都恨不得抽出更多时间继续学习和钻研，反观那些只比行业新手优秀一点点的人，却自认为可以停止前进的脚步。如果他们看到了时间对一个行业、一个领域以及一个人的改变，那么他们或许会变得谦虚一些。

你当记住，从"小白"到专家，最少要花费 1 万个小时，也就是 400 多天，差不多 14 个月。在我们人生 A4 的纸上量化一下，是 14 个格子。只是，当我们付出了足够的时间和持续而深入的专注力之后，我们也不要忘记，不能仅仅满足于"专

请给人生涂上色彩

请在黑框范围涂上颜色

家""高手"这样的身份，而是要在职场生涯中持续地突破自己，才对得起这珍贵的生命。

在我们的职业生涯中，千万不要低估时间的力量。你通过几年甚至十几年的研习与实践，能够从"小白"成为专家，那么别人付出了时间和专注力同样也可以做到，说不定别人用对了方法，还会先你一步在行业中站稳脚跟。想到这里，你怕不怕？如果你产生了危机感，那么就不要继续停留在原地，打起精神，继续去学习、研究、实践、改进吧。

理 财 篇

　　诺贝尔经济学奖得主罗伯特·希勒在谈到自己的人生经验时，着重提到：储蓄要趁早，学习理财知识更要趁早。

韶光有限，理财要趁早

河南小伙贾兆江，在北京担任外卖骑手已有 4 个年头。这位只有初中学历的小伙子，白天送外卖，晚上自学理财，靠着自己的努力勤奋终于实现了月入 5 万元的目标。贾兆江说，自己是经过长时间的学习和钻研之后，才开始理财的，如果没有前期的学习积累，自己也不敢贸然行动。他还认为，理财与送外卖一样，并不是多么高深的事情，普通人也可以参与其中，只是，理财需要耐性，讲究长期投入，如果希望一朝一夕就能产生收益，那不过是痴人说梦。

说起贾兆江走上理财之路的缘起，要追溯到十几年前。贾兆江在偶然情况下看到一本关于理财投资的书，好奇之下，他翻看起来。书中讲的案例和理论，点燃了他那颗跃动的心。贾兆江内心的不安分，促使他立下目标：一定要靠着投资实现财务自由，改变自己的命运，为家人提供更好的生活条件。

在追求财富的道路上，贾兆江也跌过跟头。2010 年，贾兆江首次尝试投资，可他辛苦攒下的本钱却全亏了。出师不利的贾兆江没有任何怨言，沉下心来继续钻研、学习，从中吸取教训。他给了自己足够的时间去了解投资理财方面的知识，并且也付出了足够的耐心等待一个好的结果。

时间终究不会亏待一个积极进取、善于学习的人。现如今的贾兆江已是一位比较资深的投资者，他依然做着外卖骑手，通过理财改变了自己的命运，改善了家人的生活，更向人们展示出尽早理财给生活带来的巨大变化。

其实，在我们身边还有很多像贾兆江这样的人。这些人的聪明之处便在于意识到时间有限，理财要趁早。同时这也说明，理财这种事情急不得，需要一定的时间积累，一夜暴富的梦想很美好，可说到底这也是一个白日梦。人人都渴望获得财富，过上更好的生活，可韶华匆匆，留给我们创造财富的时间也极其有限。所以，出身普通家庭的你我，更应该及早具备理财意识，学习投资知识。理财趁早，日子才能越过越好。

理财，是一个积少成多的过程，更需要时间的积累。在很多人看来，理财是一件特别深奥的事情，尤其是一些初入职场的朋友，更觉得自己本来就没有多少薪水，每个月扣去房租水电等生活费用，剩余不多，哪里还有什么本钱拿去理财？其实这是一种错误的观点。

大家不妨想想看，平日里自己买零食、彩妆、很多根本穿不着的衣服、用不上的物品，这些开销积累起来难道不是一笔大钱吗？这些钱用掉之后，我们的生活品质并没有多大的提升，反而会因为冲动性消费导致家中堆积着各种闲置物。但是，如果我们控制住自己的购物欲望，用省下的钱来进行投资或者储蓄，那么就相当于利用本金在赚钱了，即便最初赚得少，至少也迈出了第一步。就像贾兆江，他最初进行投资理财的本钱，全部都是平时积攒下来的。还有美妆界教母玫琳凯·艾施，她创业时的第一笔钱就是自己日常储蓄所得。把小钱汇聚成大钱，再把大钱用在合理的地方，我们的生活品质才有可能得到提升，我们的命运才有可能因此而改变。

还有些朋友认为，自己目前收入太少，那么就等到收入多的时候再学习理财吧。这种想法可真是危险。学习理财知识，还是越早越好。时间不等人，待我们准备好了一切，别人早就迈出了理财的第一步；待我们终于领悟到有规划的理财对于提升生活品质多么重要，金融市场又早已发生了巨大变化。若我们缺少理财知识，根本不懂如何投资理财，只能眼巴巴地看着别人创造财富。

诺贝尔经济学奖得主罗伯特·希勒在谈到自己的人生经验时，着重提到这一点：储蓄要趁早，学习理财知识更要趁早。

有位朋友是理财规划师，她的绝大部分客户之前根本没有任何理财理念。她说，这些客户有的说等自己有钱了再去理财，还有的说等自己工作不忙时再去了解理财。然而，等他们看到身边的亲朋好友通过理财积累了可观的财富时，便着急忙慌地要炒股，买基金。没有任何前期积累，就盲目地进行理财投资，那岂有不赔本的道理？不过话说回来，正是因为太多人不懂得趁早学习理财知识，才催生出我朋友这样的职业理财规划者，帮助客户根据各自的实际情况，给出投资理财方面的规划和建议。

理财要趁早，多早才算早？我觉得，踏入工作岗位之后已经不算早了。美国投资大师巴菲特在 11 岁的时候就已经开始初步学习投资股票了，而他所拥有的财富基本上都是从股票市场赚来的。现如今，400 亿美元身家的巴菲特依然活跃在金融市场，并享受着因财富而带来的巨大成就感。

或许你认为，巴菲特这种大师级别的人物，岂是我等凡人可以相比的？其实巴菲特也并非是生来的理财大师。11 岁的巴菲特尝试投资时，用的是自己和姐姐平时积累的零花钱，他把这些投入股市，并没有马上获得收益，反而还出现了连续亏损的状况。只是，他没有失掉学习投资理财的信心。巴菲特20岁读大学的时候，身边那些青年男女或沉浸于恋爱之中，或四处游玩享乐，而巴菲特则每日都去图书馆读书，学习各种金融领域的知识。所以你看，巴菲特并不是生来的"股神"，他只是在理财投资方面投入了大量的时间和精力，并且付出了足够的耐心。

很多人只看到外卖小哥贾兆江通过理财获取了财富，却没有看到贾兆江默默坚持理财十余年，并且在这之前就已经自发学习投资理财方面的知识。人们只愿意看到一个励志的结果，却不曾留意他人耕耘的过程。时间不会亏待每一个踏实努力的人，在时间这块原野上，你播种什么，便收获什么；你及早播种，便及早收获。

不论是外卖小哥贾兆江，还是投资大师巴菲特，虽然他们代表了不同的社会阶层，却有着一个共同点：把别人享受生活的时间用于学习投资理财，把别人随手花掉的闲钱拿来尝试理财。趁早学习理财并进行投资还有一个益处，便是能够更早产生复利，收获财富。我们都知道，如果理财得当，那么便能够"钱生钱"。实际上，及早学习理财，几年或者十几年的时间积累下来，我们即便没有大富，也可以因趁早投资、长期持有而小赚一笔。

由此可见，财富直接与时间挂钩，财富的积累需要时间作为基数，投资理财的经验也靠时间积累。看到这里，你还没有丝毫的紧迫感吗？

规划时间，便是规划人生财富

　　说起投资领域的大师级人物，人们可能首先想到的是巴菲特。但大家可能不知道，巴菲特有位非常重要的合伙人——查理·芒格。

　　查理·芒格对于理财规划的深刻见解以及在理财投资方面进行的丰富实践，远非寻常的投资者能够比肩。甚至连巴菲特都赞叹道："查理·芒格用思想的力量，拓展了我的视野，我对他十分感激，无以言表。"

　　查理·芒格认为，理财的意义并不在于收益多少，而在于通过理财，我们对人生财富进行了规划。而这种对于人生财富的规划，起点便是对于时间的规划。因为，就投资理财方面而言，对它影响最大的因素便是时间。而股神巴菲特正是从查理·芒格的这番理论中汲取了理财方面的智慧。

　　巴菲特把自己的成功归结为"滚雪球理论"。这个理论认为，人生获取的财富就像滚雪球，要让雪球滚得更大更结实，那么就需要更多的湿雪以及很长的坡道。在这个理论中，巴菲特把投资所获取的收益比作"湿雪"，而足够长的时间则比作"很长的坡道"，只有时间足够长，才能滚出巨大的财富雪球。由"滚雪球理论"可以看出，财富都是通过时间积累的，一夜暴富的神话并非不存在，只是来得容易的财富同样也散得容易。因此，我们若要规划投资理财，首先要做的便是规划理财时间。

但是，通过好几年的观察，我发现很多朋友对于理财时间并没有一个明确的认知。这就导致大家虽然进行了理财，可收益并不显著，有些朋友又因为没有看到收益，便不再继续投资理财。

好友钱悦便是如此。前两年她说，每个月会定时定量地进行储蓄，为表决心，还专门开了一个银行账户。她盘算着，每个月存入1000元，那么几年之后，本金算上利息便是一笔数额不小的收益。可是，她在4个月以后，就渐渐忘了存钱这件事。有时候临时起意买回家一些小玩意儿，有时候则觉得上班已经很辛苦，还是应该犒劳一下自己。原本她说，如果每个月还能剩下钱，那么不论多少，都会存进账户里。可是，整整两年过去之后，我再向她问起存钱的事，她只是不好意思地笑笑说，根本没有存下多少钱。因为经常会忘记每个月存钱的时间，等她想起时，又发现手头的钱已经不够了。很显然，钱悦对于理财，并不具备清晰的认知。

另一位朋友陈杰就做得很不错。她对于理财时间有着极为清晰的规划，并且也花费了相当的时间去了解自己将要投资的领域。她一边学习一边实践，与时间成为朋友，数年积累下来，也算是实现了人生的初步逆袭，从一无所有的小职员成为小有积蓄的创业者。

最初，陈杰不具备任何理财投资方面的知识。于是，她规划出用于学习理财知识的时间，为期一年半；待摸清门道之后，打算初步尝试一下，她就规划了一个初期的理财计划，并

请给人生涂上色彩

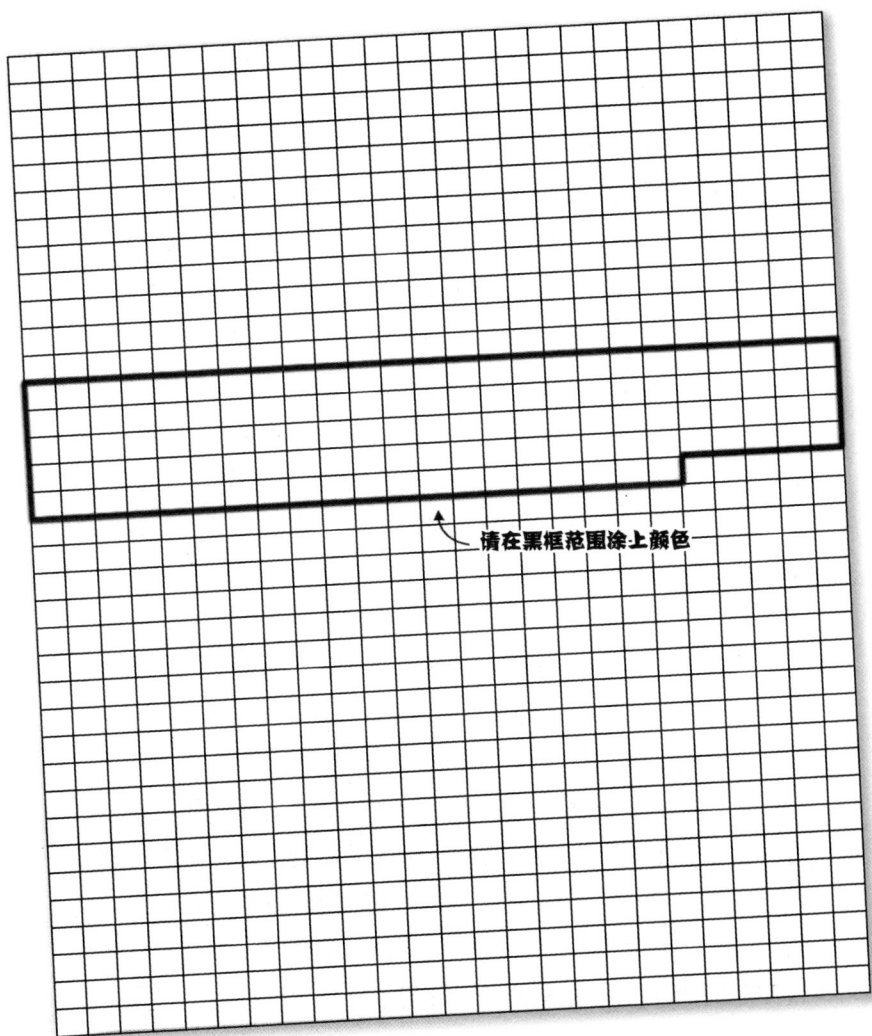

请在黑框范围涂上颜色

明确地规定初期理财的时间为两年；经过几年的摸索，陈杰已经积累了比较丰富的理财经验，于是她根据自己的实际情况，将接下来的理财规划期定为 5 年；而在这之后的 5 年时间里，陈杰尝试进行多种多样的理财方法，并且逐步积累出创业所需的部分启动资金。

在那些缺少时间观念和规划意识的人看来，两年、三年和五年没什么区别，不过是混日子而已。但是，在陈杰看来，通过时间可以筛选出哪些事情值得我们去做，比如在一两年内通过定期储蓄，积累投资所用的本金；时间也可以告诉我们，哪些事情从最初就不要去做，比如那些所谓高风险、高回报的投资，就不适合初期尝试。

通过规划投资时间，陈杰已经获取了可观的人生财富。虽然从学习理财到真正创业，这个时间跨度有 10 多年，但是，陈杰收获的不只是金钱，更是在时间规划方面的独到经验，这才是最可贵的财富。

"我把别人用来吃喝玩乐的时间，拿来学习理财、规划人生；把别人用来冲动消费的零花钱，拿来作为本金，逐步积累理财经验。我觉得，在这 10 多年的岁月里，时间成了我的良师益友，时间见证了我的努力进取。"陈杰如是说。

通过以上的事例，我们不难看到，如果把时间作为投资理财的衡量尺度，那么必须要有一个中长期的规划，不能全凭感觉。不论是查理·芒格和巴菲特所阐述的时间与财富积累之间的关系，还是我身边好友的典型事例，都说明投资理财重要的是和时间做朋友，要善于利用时间这个最大的杠杆，根据自己的实际情况进行合理规划。实际上，理财是一种日常习惯，它与收益高低、本金多少并没有太大的关系。我们在投资理财的时间上进行合理规划，往往能够收获更多无形的财富。

我们广义的投资并不只是金钱上的投资，也可以投入自己的时间和精力，收获其他形式的财富。比如说，我们投入时间学习一些新的技能，掌握一些本职工作之外的能力，也是一种财富。而正是这种无形的财富，能够为我们的人生增添更多助益，帮助我们在事业发展的过程中得到意外的收获。

你一定要相信，时间往往会回馈给我们更多意想不到的财富。只是这一直有个前提，我们要投入足够的时间去规划和实践，从中吸取经验教训，并且始终保持良好的投资习惯和规划能力。学习如何理财，就是学习如何与时间相处，如何主宰自己的人生。

人生虽短暂，财富却可永远流传

　　一张薄薄的 A4 纸，上面画满了 900 个格子，这就是我们似乎一眼望不到头，却又匆匆度过的一生。实话说，自从身边朋友看了央视报道的《A4 纸上看人生》之后，大家纷纷叹息，原先自己关注的只有读不完的书、做不完的工作以及忙不完的事情，没想到，量化后的人生竟然如此短暂。还有很多朋友因此倍感焦虑，甚至要牺牲睡眠时间完成某项工作，生怕自己余下的时间不够用。

　　实际上，我们大可不必如此，从当下开始，珍惜时间，做一个合格的时间投资者，好过每天心怀焦虑地度日。

　　再说了，人生虽短暂，但有一样却可以跨越时间的局限，永远流传下去，这便是财富。而我所说的财富，并不仅仅是指钞票、房产、豪车、名表等物质财富，更包括一个家族的精神财富，比如优秀的家风和家族文化。

　　很多人听到"财富"二字的时候，往往只是想到物质，而忽略了精神。但不论是物质财富，还是精神财富，它们的积累以及流传都离不开时间。如果我们能够充分利用好时间，便能够从一个两手空空的状态，逐渐家资充盈。从这一点来说，时间是我们最好的朋友。但如果，我们并没有在大好年华里支配好时间，而是把它用于享乐，那么，待到我们齿摇发落、步履蹒跚之时，便只能够带着愧疚和遗恨回顾一生。

渴望财富的人很多，但真正意识到时间与财富之间存在关联性的人却又太少。很多人都盼望那种一夜暴富的情况发生在自己身上，可是，那些依靠时间积累最终家资巨富的人，才成为真正的人生赢家。

据说，有着"商界小甜甜"之称的龚如心，其资产是英国女王的 5 倍，在 2005 年度的《福布斯》"全球富豪榜"上，龚如心是亚洲地区唯一上榜的女性，那时，她的净资产是 31 亿美元。

龚如心能够获取如此巨额的财富，除了她本身具备极高的财商之外，更离不开时间的积累。早年，龚如心与丈夫凭借着房地产事业白手起家，在经营房地产事业的同时也在打理数个投资项目。有些投资项目最初并不被人看好，龚如心却认为这些项目有着较为长远的发展前景，于是她不顾别人的眼光，果断进行投资。她说，要给予财富积累和增长的时间，只有时间能够证明哪些项目真正具有投资价值。

在美国一个小镇牧场上长大的戴安·亨德里克斯，于 1982 年与丈夫共同创建了一家建材公司，经过 30 多年的发展，这家名为"ABC 供应公司"的企业在全美拥有 600 多家分店，年销售额达 65 亿美元，而戴安·亨德里克斯目前的资产净值超过了 22 亿美元！曾经有人"好心"劝说戴安·亨德里克斯放弃创造财富的美梦，因为像她这样白手起家的女性太多了，可是真正实现财富积累的又有几个？但后来的事实证明，戴安·亨德里克斯经过合理的规划以及长期坚持之后，终究实现了大跨度的阶层跃迁，而当初那些嘲笑她、质疑她的人，却依然过着一文不名的潦倒日子。

请给人生涂上色彩

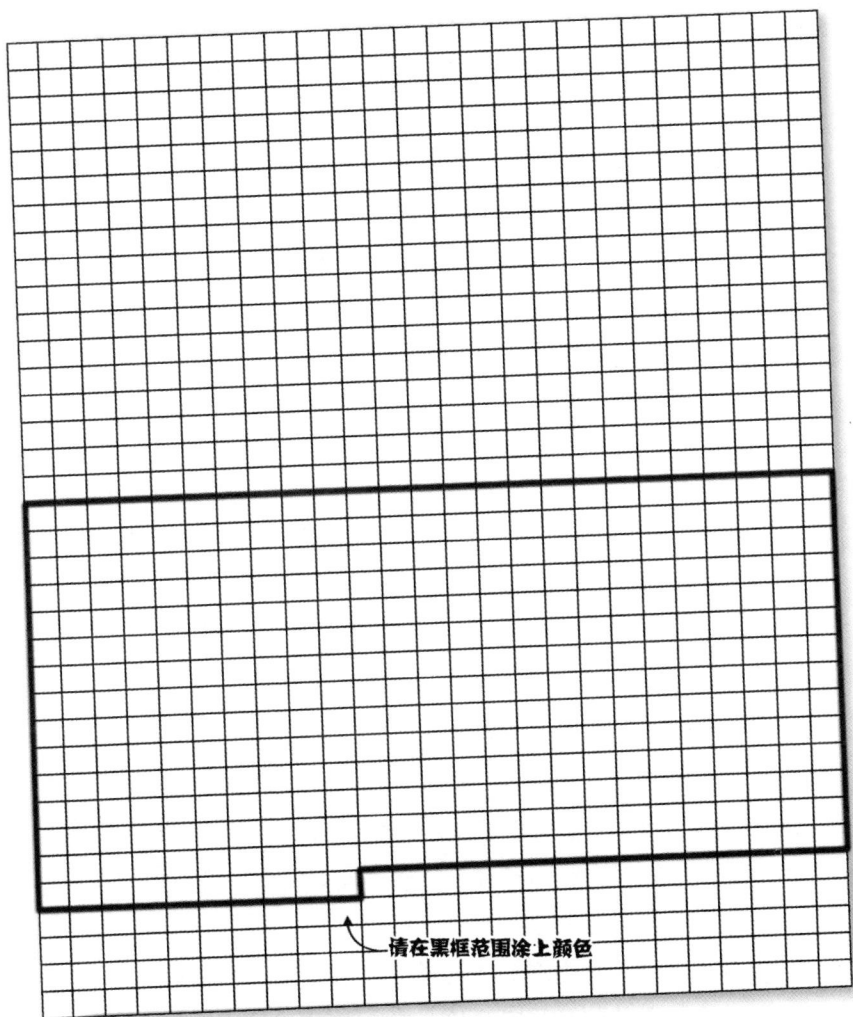

请在黑框范围涂上颜色

这便是通过时间积累财富的真实案例。这两位商界精英不只是留下了物质财富，她们努力拼搏的精神也同样激励了无数有理想、有追求的创业者。

曾经听一位金融学专业的朋友说过这样一则财富定律：对于一个白手起家的人来说，赚到人生中第一个 100 万元用了 10 年时间，由于他已经积累了丰富的经验和稳定的资金，他要从 100 万元赚到 1000 万元，那么很可能只需 5 年时间。

反观我们身边的一些朋友，几乎天天做着今天投资 100 元明天获利 100 万元的美梦。他们总喜欢说，人生时间有限，积累财富不能等得太久。但是，转过头来，他们就把时间耗费在娱乐之中。

财富的积累不仅关乎时间，而且也与我们的个人习惯相关。某位朋友经常把投资理财这样的话挂在嘴边，但是，每个月的工资发下后，他又拿着钱去大吃大喝，根本没有积攒下一分钱。我还曾见过一些人把投资理财挂在嘴边，可对自己的资源、时间和金钱并没有进行有效管理。

我们这一生的 900 个月，除去吃饭、休息等，真正剩下来供我们支配的工作时间其实少得可怜。对于那些真正惜时的人来说，他们会合理规划手中的资源，给自己确定一个理财目标、方向和时间，静等财富积累。这样的人的财富才有可能流传下去，他们对于时间的合理利用也会进一步影响家中的其他成员。

在前文中，我提到过一位通过自主创业而过上富足生活、实现个人价值的朝鲜族阿姨朴泰仙。她出生于一个贫寒家庭，年少时便发下誓愿，希望尽自己的努力，改变自己的命运。她初次创业时，开办了一家旅行社，而她把一家民营旅行社发展为国际旅行社用了整整 8 年时间。二度创业时，她选择的是国际教育领域，从留学咨询机构做起。20 余年之后，昔日的咨询机构已然成为国内享有盛誉的留学教育集团。阿姨说，人生是一个不断成长的过程，事业的成功也罢，财富的积累也罢，都需要时间。

当我再次见到朴阿姨时，她已经两鬓染白，可是眼神中却有光亮闪烁。她问我近来可好，在写什么作品。我说自己写得慢，只能慢慢积累。阿姨说，只要辛勤耕耘就好，时间自会给我们硕果。

很多时候确实如此。虽然说，我们这一生只有 900 个格子可供"挥霍"，但我们不论积累财富还是创建事业，都急不得。很多人想要的只是成功，往往自动屏蔽掉通往成功路上所需的时间。他们口口声声说"人生苦短，成功要趁早"，可他们浪费起时间来，却又是那般肆无忌惮。

而那些在各自的事业上勤劳耕耘的人才真的无比珍惜时间，哪怕坐车的时候都要处理一些事情。他们把自己交给了时间，相信只要踏实勤勉地耕耘，时间自会带给自己收获。

生命终会老去，时间将带走生活中的一切悲喜，这些都是无法逆转的自然规律。但是，财富却能够因时间而得以积累，又因时间而流传。

把时间化为财富

在很多人看来，时间没有生命，它既不会对我们任何荒废青春的行为表达不满，也不会因为我们珍惜光阴、努力上进而对我们大加赞扬。虽然时间没有生命，却组成了我们这一生；虽然它无法表达自己的态度，却在不同的人群那里具备了不同的价值。

克里斯·萨卡，是推特、优步等国际知名企业的投资人，他还曾经在 2016 年度的《福布斯》"百强科技投资人"榜单中位列第三。尽管有着如此耀眼的成绩，但你知道吗？他也曾负债累累，跌落到过事业的谷底。失意的他在 2007 年之后，离开了旧金山，来到特拉基市郊居住，不再热衷于社会交往。在这个小镇上，克里斯·萨卡每天都会进行一些户外运动，比如滑雪和徒步。同时，他还静下心来阅读大量书籍，学习自己真正渴求的内容。

外界一度传言，克里斯·萨卡意志消沉，已经不适合在投资领域做下去了。只有克里斯·萨卡自己知道，他不过是想通过时间的积累，扩充自己的知识储备，顺便梳理一下之前的人际关系。

现如今，克里斯·萨卡不仅还清了债务，还成为身家十几亿美元的硅谷"最具眼光"的投资人。

回忆起此前在特拉基市郊居住的那段日子，克里斯·萨卡认为，正是在这段无人打扰的安静时光里，他通过沉淀自我，把时间化为了财富，扭转了自己的命运。

时间可以带来价值，能够创造财富，这个道理大家都懂，但并不是每一个人都能约束自己的行为，通过自律、高效的工作，把个人时间转化为财富。

据说曾经的世界首富比尔·盖茨一秒钟的收入可达 1000 美元。网上一度流传一个段子：如果比尔·盖茨看到地上有 100 美元，他肯定不会弯腰去捡，因为在他停下手中事情，弯下腰的那一刻，他就已经浪费了 1000 美元，这划不来。

把时间化为财富的另一个事例，是日本著名作家村上春树几十年来坚持写作的故事。29 岁那年，村上春树创作了第一篇小说，并获得日本《群像》新人文学奖，由此走上了写作之路。数十年来，他坚持写作，几乎每年都有新作品问世，并且每部作品都质量上乘。

对于一个作家来说，能做到这一点属实不易，而村上春树能够取得如此瞩目的文学成就，靠的就是把时间转化为财富。

在面对媒体的访谈时，村上春树坦诚地说，他每天早上 4 点半就起床，从来不用闹钟提醒，到了这个固定时间就会自然醒来。他说清晨时分最安静，不会有人打扰自己，自己的思路又特别清晰。这个时候，坐在电脑前一鼓作气地写上五六个小时，工作效率极高。

村上春树还有一个习惯，起床之后，既不冲咖啡、吃点心，也不做其他准备工作，而是直接进入工作状态，从没有拖拖拉拉的时候。村上春树的许多作品就是在这五六个小时的

请给人生涂上色彩

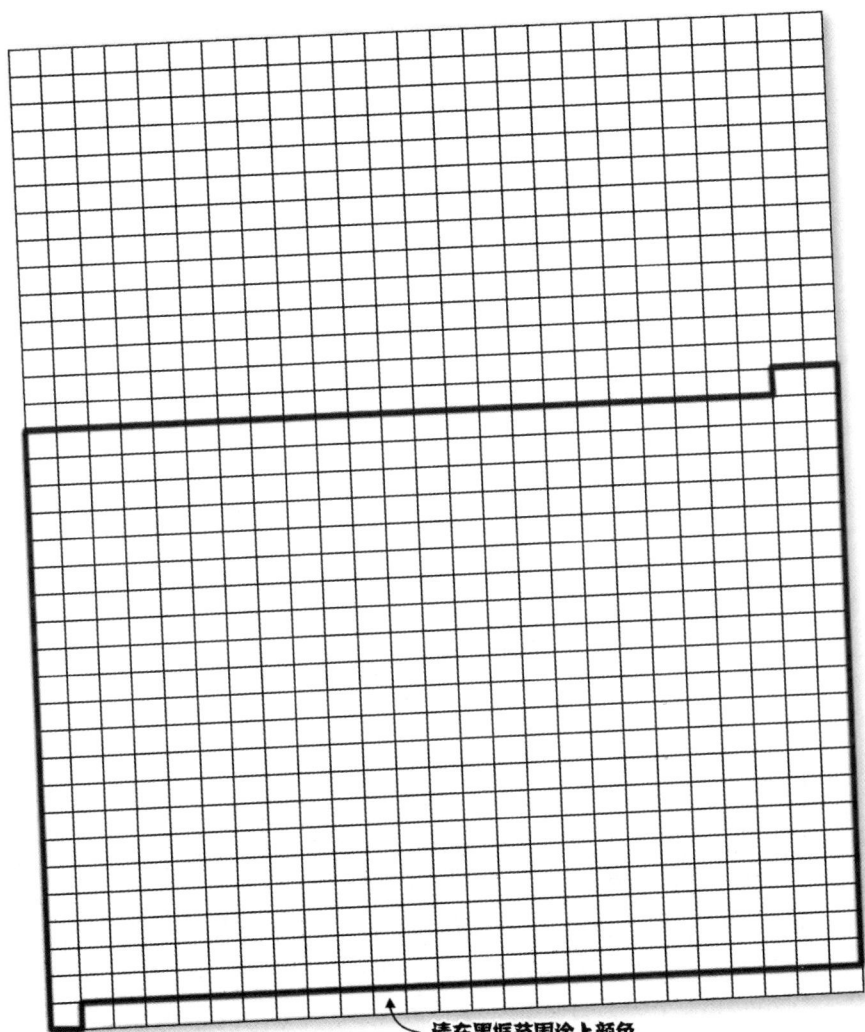

请在黑框范围涂上颜色

时间里创作的。他天天坚持创作，利用时间创造出文学作品和财富。

村上春树不仅做事从不拖延，还非常注重身体健康。每天的文字工作完成后，他会用一个小时的时间进行户外活动，比如跑步。曾经的村上春树是一个不折不扣的老烟鬼，但他坚持长跑 35 年后，已经成为一名身体健壮的高产作家。他的好身体，为自己的文学创作事业提供了有力的支撑。

时间成了村上春树最好的盟友，他利用时间收获了事业和财富，锻炼出强健的体魄。他清晨进行文学创作的每一分钟，不只是完成文字输出，更创造着无可比拟的财富价值。因而，村上春树极不喜欢自己在工作时间被人打扰，这不仅会干扰他的写作思路，还会影响他的创造力。

那些在各自领域做出杰出成绩的成功人士们也格外反感自己的工作时间被别人无理由占用。实际上，对于那些成功人士而言，他们并非特别重视金钱的价值，他们真正在意的是自己宝贵的时间被人无端干扰。这才是最致命的！

这些成功人士，从不会把获得财富的多少作为衡量自己成功与否的唯一标准。但是，他们更倾向于以金钱来衡量时间的重要性。也就是说，自己用掉的时间为自己带来怎样的收获，这才是他们最关心的。

在成功人士眼中，时间本身是通向事业顶峰的一个不可或缺的要素。那些在某一个领域深耕的人，或早或晚都得到了相应的回报。所以，很多成功人士为了避免浪费时间，会给自己一个更为直观的参考数据，可以帮助自己和团队节省时间。比如说，现在很多企业直接压缩会议时间，甚至有人认为，超过半个小时的会议没必要召开。因为，这样连基本问题都抓不住的会议根本没有价值，而那些真正解决根本问题的会议，时间都不会太长。认识多年的一位朋友，在一家留学教育集团担任高管，她就说过，公司的许多会议都是在10分钟内完成，保证高效率，才能够创造出更多的财富。还有一位企业家朋友则表示，时间就是财富，过于频繁地开会，就是浪费财富。

由此可见，成功人士对于时间"吝啬"到何种程度？但是，在大多数普通人看来，时间就是时间，每天上班下班，下班后做一些自己喜欢的事情，时间就这样静静地流淌，几年之后，除了自己发际线变高了，个人的财富值并没有任何增长。在这种情况下，时间并没有产生更加丰厚的价值，毫不客气地说，在这些人的身上，时间的价值完全没有得到体现，换言之，他们的时间不值钱。

不过，大家也不要沮丧。因为那些所谓的成功人士也是从普通人成长起来的。而且，只要我们及时转变自己的时间观念，提升自己利用时间的意识，我们在自己的工作领域就极有可能得到进一步的发展。

但如果我们还是继续忽视时间，我们人生中的每一分钟都不会奏效，我们整个人生也很难体现出什么特别的价值。难道你想碌碌无为地度过此生吗？如果你不愿意、不甘心、不允许自己继续混日子，那么就从现在开始，做一个真正懂得利用时间、创造财富的人。

在这之前，我们需要先反思一下自己的时间观念。在我们身边，有太多这样的例子：为了节省一两元钱，浪费半个小时走过两三个公交站；为了节省几元钱而老老实实排队一小时，只因商场出售打折促销的商品。

如果大家意识到，自己的时间也是有价值的，自己通过时间的累积，也能够做出一番大事业，那么大家还会这样轻易地浪费时间吗？

　　曾经，我就是那种为了省钱而花掉时间的人，直到我那位企业家朋友提醒我。她说，我们每个人的时间都很宝贵，而我们利用时间创造的价值可能远远大于节省的几元钱。她还说，如果我们想要创造更多的财富，获取更多的金钱，那么一定要掌控好自己的时间，合理地使用它。

　　现在，已经有越来越多的人意识到，我们完全可以通过花钱的方式，来确保自己有充足的时间去做其他更有价值的事情。还有另一些人，即便经济条件不允许，也会想方设法地去争取时间。这些都说明，大家在转变旧有的时间观念。

　　作为财富的间接创造者，时间总是不紧不慢地走着。如果我们忽略了时间与财富之间的关系，就会被时间狠狠地报复——时间带走我们的生命力，却不会留下丝毫财富。

　　当我们了解到时间与财富之间存在的密切联系之后，就应该强化时间观念。正如我那位企业家朋友所说，在必要的时候，不要吝啬花钱去学习别人的经验，因为这样会为我们节省下大量的时间。而这些节省下来的时间，其价值比我们买经验的花销要大得多。

　　可见，花钱买时间是一个非常高效的时间管理方法。但也只有那些格局足够大、眼界足够宽的人，才心甘情愿这样做。而那些习惯于将财富与时间割裂开来的人，往往耗费了大把时间，只为了节省有限的金钱。这样的思维方式，注定会使他们逐渐落于人后。

　　在知识经济兴起的时代里，把时间化为财富变得更加普遍了。某位运营知识付费社群的朋友，正是通过知识经济收获了无数荣誉。她认为，在现在这个网络时代，人们接触到新的知识越来越容易，但是，真正能够深耕某一个领域的人毕竟还是少数，也只有深耕某一领域的人，才能够成为知识导师，实现知识变现。

那么，我这位朋友是怎样做的呢？她用了一年多的业余时间，大致了解了自己比较感兴趣的几个领域的内容，然后，确定了一个自己真正喜欢的方向努力钻研。为此，她投入了大量的时间，也花费了一定资金。当她在这个领域达到一定高度时，她发现，财富的大门已然向她敞开，而她之前为此用掉的时间都没有白费。

学习理财，便是学习时间管理

　　姚磊是一个资深游戏玩家，他身边的朋友都知道他手速非凡。但大家不知道的是，姚磊并不是一个只会埋头玩游戏的人，他还是朋友圈中小有名气的"时间管理家"。因为姚磊在时间管理方面非常有方法，所以他这些年来在不同的领域内做了许多事情，并且还取得了相当不错的成就。一个30多岁的年轻人，不仅本职工作完成得那么好，而且有时间发展个人的兴趣爱好，还有精力跨领域发展，这就让人很是佩服了。

　　一年前，姚磊把目光集中到了另一个新的领域，那便是投资理财。文科出身的姚磊根本不懂金融学方面的知识，他说最初也是摸着石头过河，慢慢尝试。还真别说，经过一番学习和尝试之后，姚磊感觉自己收获颇丰。要说起这些收获，其中有一个尤为重要——学会时间管理，比学会投资理财更重要。

　　这又是怎么回事呢？

　　首先我们要搞清楚，投资理财的最终目的是实现财务自由。如果我们能够学会时间管理，那么就可以掌控自己的时间。更重要的是，学习理财在某种意义上说就是学习时间管理。所以，姚磊经常对我们说："一个人不会投资理财，那不过是在财务方面有损失；但如果一个人从来不懂管理时间，那便是浪费了整个人生！"

杰克·威林克是美国海豹突击队的前指挥官，他写过畅销书，创办过咨询公司，生活得非常充实，是公众眼中的成功人士。技术投资人蒂姆·费里斯曾经邀请杰克·威林克来自己家中居住，并进行了一场访谈，他们的访谈内容便围绕着投资理财与时间管理展开。

身为海豹突击队前队员的杰克·威林克有这样一个习惯，每天清晨5点前必定起床，即便退役多年，也依然保持着这个习惯。

蒂姆·费里斯对于杰克·威林克的这一习惯很好奇，杰克·威林克说："只要我想到自己还有那么多的事情要做，还有那么多事业上的竞争对手，我便提醒自己，千万不要松懈。因而我每天都会很早起床，并借此保持心理上的优越感。"杰克·威林克认为，坚持早起就意味着比那些赖床的人拥有了更多时间，这样能够让他不慌不忙地安排接下来要做的事情。

除了给自己规定了严格的起床时间之外，杰克·威林克还规定了诸如整理房间、洗漱更衣等事项的具体时间，并且争取早些完成。那么富余出来的时间，杰克·威林克又是如何安排的呢？他说，富余出来的时间，并不意味着可以随便用掉，而是要把这些时间用在真正有意义、有价值的事上。几十年来，杰克·威林克把这些富余的时间用于投资自己，他拥有了时间红利，并通过时间红利获得了财富上的回报。

看到这里，你可千万不要误以为杰克·威林克是个工作狂。实际上，他非常懂得劳逸结合的道理，只不过在休闲娱乐方面，他也为自己制定了较为严格的时间安排。

对于节省出来的时间，杰克·威林克用来进行自我投资。

比如说，他要撰写书稿，准备阅读大量相关领域的图书。我们知道，深度阅读是一项很费时间的事情，可是杰克·威林克却在较短的时间内就读完了好几本大部头著作。别人蒙头呼呼大睡的时候，他已经翻开书，开始阅读了。时间一天天过去，他读的书越来越多，知识面自然也越来越广。知识深度不断提升，广度不断扩宽，储备不断丰富，不论是经营个人的公司，还是进行其他方面的投资，杰克·威林克都能够稳步进行，因而也就积累了相当可观的财富。如果没有早早起床的习惯和高度的自律精神，不把富余的时间用来进行自我投资，而是用来吃喝玩乐，那么，他何来财富的积累与事业的成功呢？可见，一个不懂时间管理的人，根本无法进行稳健的理财投资。

姚磊在时间管理上的思路和方式，深受杰克·威林克的影响。或许，姚磊做不到像杰克·威林克那样清晨4点多就起床，但是，他在每天6点半也会准时起来，不论工作日还是双休日，都严格遵守这个起床时间。

起床之后，姚磊会用5分钟时间稍稍整理一下房间，因为整洁的居住环境会令人心情舒畅。而且，在规定的时间内完成某项任务将极大地激发人们的自信心。你想想，如果我们清晨醒来之后带着愉悦的心情和极强的自信去面对新的一天，那么我们这一天也将斗志昂扬。在用完早餐之后，姚磊会利用清晨的时间学习半个小时的英语。坐地铁上班的路上，他则通过手机音频或者视频，去了解理财投资领域的知识和资讯。

很多朋友误以为只要早早起来，自己的时间利用率就非常高。但如果你只是早早起床却没有任何实质性的提升自己的行动，那么你早起就是无效的。我身边就有很多这样的事例。有些朋友虽然大清早就起来了，可是却把富余出来的时间用来看网络小说和各种视频，或者跟熟人闲聊八卦新闻。他们没有做一件自我提升的事情，所以，这样的早起不能给他们带来真实利益，更不会有什么真正的收获。

杰克·威林克说过，对自己进行投资，是这个世界上最稳妥的投资。这是他从一位投资者的角度出发，对后来者进行的忠告。同时，他还表示，为了更加高效地利用时间，最好不要留给自己过多选项，而是应该人为设定一些限制。

在过去几十年的人生经历中，杰克·威林克面对过形形色色的选项。最初，他很得意，认为自己的人生终于可以由自己做主。但是，这种自由感并未持续多久，他就陷入了另一个困境——由于选择过多，他不得不在诸多选项之间反复对比，这浪费了他大量时间。

于是，杰克·威林克就得出一个结论：在人生中，不要拥有过多选择，这很容易让自己过分得意以至于自我迷失，更重要的是，我们会把宝贵的时间浪费。

很多时候我们进行投资理财也是如此。看起来市场上有名目繁多的理财产品，似乎每一款都有着极好的收益。我们就在这诸多的理财产品以及投资领域中来回考虑。不知不觉，大半天的时间过去了；再多考虑考虑，几天的时间也逝去了。但如果我们设定一些限制，比如理财金额上的，就可以过滤掉一些不合适的项目，这也意味着，我们不必投入过多的时间。

刚刚迈入理财大门的姚磊，最初也犯过这样的错误。他又是浏览投资理财方面的资讯，又是四处向理财领域的前辈请教。看起来，他收获了很多理财方面的信息，可是，他耗费掉的时间更惊人！

吸取了这一教训之后，姚磊再进行理财时，首先考虑到的就是某个项目所带来的收益与自己投入的时间和金钱是否成正比。而在此之前，他极少考虑到时间这一因素。姚磊所忽略掉的时间因素其实也被大多数人忽略。这就导致，我们在某一个投资项目或者理财方式上耗费的时间和精力与我们获取的收益完全不成正比。耗费了过多时间，却没有得到与之相匹配的收益，那么这就是亏本买卖，我们折进去的是时间财富。可见，理财不仅是管理物质财富，更是管理我们的时间财富。

如果你也曾走过这样的弯路，也不必过于自责，因为很多职业理财师、创业者、经理人都是从这样的弯路中吸取了经验教训。不论是像杰克·威林克这样杰出的成功人士，还是像姚磊这样普通的身边友人，如果他们人生中的某些经验恰好为我们带来了一定启示，那么你读这篇文章所花费的时间，就不算是一种浪费。

从0到1，往往以年为单位

年少的时候，我特别喜欢读周国平的书，依稀记得周国平有句话，说得很在理："做成大事的人，往往做小事也认真；而做小事不认真的人，往往也做不成大事。"

很浅显的一句话却道出了极为深刻的道理：人生一世，一点一滴皆是积累，唯有量变可实现质变。

时间的一大作用便是能够帮助我们有所积累，但是这也需要一个前提——只有我们真正踏实做事，那么微小的事情经年累月地积累下来才会为我们带来可观的财富。

但奇怪的是，正如很多人总是觉得小事无关紧要，大家经常认为赚小钱是很没出息的事情。这就有些难以理解了——难道小事不是事吗？难道小钱不是钱吗？

其实，生活中哪里有大事小事之分，而财富又岂能因为数额多少而被区别对待？如果我们把眼光放得长远些，大事小事都会成为我们成功路上的基石，大钱小钱也同样具备价值。甚至我们人生中的经验、教训也是宝贵的财富，所有这些随着时间的积累，都会为我们带来极好的效用。

有着"融资大亨"之称的朱李月华，有一句话说得非常精彩："任何事情都不要介意由低做起，只有享受每个阶段，从细微的事中找到其中蕴含的道理，不断学习与进步，才能不断成长壮大。"

可见，小事是成就大事的基础。正如一分一秒组成了一小时，24 个小时组成了一天，我们这 A4 纸上的人生，也是由不起眼的一分一秒构成的。

很多朋友认为，要想发家致富就应该挣大钱，而不是赚小钱。但如果你抱着这样的想法去做事，极有可能连小钱都赚不到。朱李月华说，大钱与小钱从来就没有分别，并且，很多事业有成之人，都是从小事做起，逐步打拼事业，从小钱开始积累，直至获取更多财富。从 0 到 1，往往以年为时间单位；如果你无视时间的积累，直接就想从 1 做起，那就有些异想天开了。

小朱女士是一位普通白领，她经常利用业余时间写一些公众号文章，还利用双休日的时间做家教，给学生辅导英语。小朱女士的老同学就说："你赚的这些钱也太少了吧。有这些时间，还不如好好休息。哪怕你通过提高工作业绩，为自己谋一个加薪升职的出路，也总比挣这些零碎小钱可靠啊。"

对于老同学的这一番话，小朱女士没有反驳。她曾算了这样一笔账：每个月的稿费最低 2000 元，辅导费也能挣得两三千元，若将做兼职的这些额外收入用于理财，一段时间之后，也可以产生一定的收益。比如买基金或进行活期储蓄，一年之后，做兼职所获得的收入，再加上从每月工资中积攒下的钱，那就是好几万元。小朱女士拿着这笔钱，高高兴兴地来到银行，准备购置理财产品或定期储蓄。这样一来，本金可以产生利息，利息再生利息，经由时间的积累，便会产生复利。小朱女士说，10 万元是财富，1 万元也是财富，如果没有最初的 1

万元，又怎么会有之后的 10 万元呢？

在美国著名投资人彼得·蒂尔的职业生涯中，有一件事情做得相当漂亮。他在 1998 年创办了一种名为 PayPal 的国际贸易支付工具；4 年之后，以 15 亿美元的价格将其出售给线上购物网站 eBay。人们惊呼：彼得·蒂尔电子商务带向新纪元。PayPal 这种国际贸易支付工具，最初被人视为一种价值未知的新生事物。说得直接一点儿，PayPal 刚出现时，人们并不看好它，并认为它毫无价值。可是，彼得·蒂尔创建的 PayPal 却通过了时间的考验，实现了从 0 到 1 的突变。

有些人轻视"小钱"，这种心态就像有些人瞧不起一分钟的时间一样，认为它们微不足道。这些人心中想的是，一分钟能做什么呢？可是，有很多企业家、科学家以及其他领域的成功者，哪怕一分钟都会无比珍惜，因为他们知道，我们这看似漫长的一生，如果拆解开来，便是无数个一分钟。哲学家柳比歇夫说："人最宝贵的是生命。但是仔细分析一下这个生命，可以说最宝贵的是时间。因为生命是由时间构成的，是一小时、一小时，一分钟、一分钟积累起来的。"

有人在一分钟的时间里，快速地浏览一遍手机软件推送的娱乐八卦，不过是为了打发零碎时间；有人则在一分钟的时间里，制订了一天的工作计划，争取高效完成每一项工作。几年之后，两个人的差距便越来越大。后者已经实现了从 0 到 1 的积累，由普通员工成为一名企业高管；而前者可能还陶醉于手机软件提供的浅层乐趣。

在很多时候，实现从 0 到 1 的飞跃，并不是什么特别困难的事情，难的是，我们是否敢于尝试。生命如此有限，它可不会留给我们太多时间去等待。但是，有些人敢于尝试，愿意给自己一个成长的机会，也愿意给自己成长的时间，于是他们做了，最终也有所收获。

有人曾经向全球首屈一指的投资专家彼得·林奇请教，如何能够持续不断地获取财富。彼得·林奇告诉他，坚持 10 年以上的投资。财富，是通过时间积累的。像故事中的小朱女士做的事情都很寻常，这是我们每一个普通人都能做的。可他们能够从 0 到 1，获取一笔小小的财富，是因为他们知道，财富的积累以年为时间单位。这正如彼得·林奇所说："让时间成为我们最好的合作伙伴，在坚持积累之后，我们只需坐下来等待结果。"

让涂掉的每一个格子，都成为自己的财富

多年不见的好友见面，还未寒暄，他便问我，这些年来，最令你感到吃惊的事情是什么？

我没有丝毫犹豫便说，看了央视的那个短片才知道，原来我们的人生只有 900 个月，而这 900 个月，在一张 A4 纸上画满 900 个表格，便象征了我们这仅有一次的宝贵人生。如果每过一个月，就涂掉一个格子，那么这种时间的紧迫感就会更强。

当人生短暂到如此清晰，我们除了叹息时光匆匆，也可以选择绝地反击——从被动地浪费时间变为主动地规划时间，让涂掉的每一个格子，都化为自己的人生财富。

我们这里所说的人生财富，并不局限于金钱和名利。从广义来说，人生的财富可谓是多种多样。而我们对于财产的合理分配以及理财方面的详细规划，也可以延伸至人生中的方方面面，从而让我们的人生更加富足和丰盈。就像莉莉安妮·贝当古那样。

或许，你是"欧莱雅"这个化妆品品牌的忠实粉丝，但你未必知道"莉莉安妮·贝当古"这个名字，更不曾听说过莉莉安妮·贝当古如何通过自我经营，扩展了人生的财富通道。

莉莉安妮·贝当古是一个含着金汤匙出生的人。在很多人

看来，她本应该过一种轻松自在的富贵生活，然而，她偏偏选择了通过创造财富以实现个人价值这条路。其他的富家名媛，在社交游玩等方面投入了大把时间，而莉莉安妮·贝当古则把心思全部用在事业上。她的时间安排一向很紧张，不愿意浪费哪怕一分钟的时间。

莉莉安妮·贝当古经历过数次重大坎坷：5 岁失去母亲，成年后患上肺结核，遭遇飞机失事并身受重伤。这种种人生经历，都让她越发意识到生命之可贵、时间之有限。或许正是因为这些不幸的经历，促使莉莉安妮·贝当古比其他人更为强烈而深刻地意识到时间的重要性。投身商海之后，她希望自己度过的每一分钟，都能够创造出价值，为自己带来财富。

莉莉安妮·贝当古身上有着超凡的自律品质，而这种自律性，与她自小就培养出的生活习惯密切相关。她还是个小女孩的时候，就按照父亲的要求，每天清晨 6 点准时起床。不仅如此，她每天都会给自己安排一张时间表，按照时间表有条不紊地做事，当然也会根据当天的实际情况而灵活变动。

靠着强大的自律，莉莉安妮·贝当古迅速积累起管理才能，还数十年如一日地坚持进行自我投资。这种自我投资，除了学习不同领域的知识之外，还要阅读大量图书，有些书与商业管理完全不沾边，但依然被莉莉安妮·贝当古列入阅读计划。从长远角度考虑，自我投资是为了让自己更全面地掌握知识，掌握的知识越多，一旦转化为财富，必然也更为可观。而莉莉安妮·贝当古在日后的成就，也确实如她自己最初所料，她的自我投资为她赚回了丰厚的报酬：公众的赞誉、媒体的喜爱以及巨额的财富。莉莉安妮·贝当古接受媒体采访时，这样说道："我现如今的成功，获取的财富，都是靠着一天天的努力积累下来的。我知道我的人生非常充实并富有意义，这就足够了。"

由此可见，莉莉安妮·贝当古确实做到了每一天都不虚度。在她涂掉的每一个格子里都饱含了她的辛勤，也彰显出她通过自我投资实现个人价值的非凡历程。像莉莉安妮·贝当古这样的商界精英，对于时间有着十分清醒的认知：人生财富是通过时间积累下来的，日复一日地重复做一些事，并非有效利用时间，相反是荒废了时间。尤其这些商界精英们从小就被灌输时间的重要性，并逐渐养成了独到的时间管理方法。因而在其他人还未能够真正地计划自己的时间时，他们已经在时间规划上迈出了一大步，并通过合理分配时间来经营人生，进而获取财富。看起来，莉莉安妮·贝当古积年形成的这些日常生活习惯，如读书、学习等，虽然平平无奇，但是这些习惯长期坚持下去就会内化为一种生命品质，而这样的生命品质必然会使其成就非凡的人生。

实际上，我们不必羡慕那些上流社会的成功人士，如果我们能够从现在开始，有意识地把人生中的每一个格子都转化为人生的财富，就还不晚。最怕的就是，我们一边叹息这一生过得不好，一边又不肯努力进取，还浪费着余下的光阴。

我的朋友圈子里有个叫赵洁的姑娘，她思维活跃，兴趣广泛，想法也很多，可是几年时间下来，就是不见她做出过什么成绩。

这一天，她约我在咖啡馆见面，一见面就大倒苦水。她说毕业之后，自己不论怎样努力，依然没有过上理想的生活。

于是我问她，她心中理想的生活是什么样子。赵洁说，她希望自己像某位同事那样，把平时写作的散文积累成书，然后出版；还想向楼下二哥学习摄影，利用闲暇时间给人拍照，赚取外快；她最迫切的心愿就是投资理财，不然靠着固定工资过上富足生活，那简直太难了。

"啊，你的想法都不错呢。如果你肯花些时间，去写作、摄影、学习理财，持续下来，你的生活肯定会有所改善。"我劝慰道。

"关键是，我没有那么多时间啊。"赵洁哭丧着脸，摊开双手，很无奈的样子。

那么，赵洁的时间都用在了哪里呢？她上班时在校友群里聊天，并认为这样能够极大地减轻工作压力，为此，在其他同事下班走人之后，她不得不加班以完成进度。闲暇时间里，她喜欢看一些毫无营养的网剧，或者约上小姐妹到处闲逛。当然，观看网剧、逛街游玩作为一种放松方式无可厚非。可是，若一个人把大部分时间用在娱乐上，她自然就没有时间去读书写作、学习摄影和理财。到头来，她还要哭唧唧地抱怨生活待自己太苛刻。

我一向认为，善用时间培养出一些真正有益的生活习惯，并通过坚持这样有益的生活习惯，最终成为一个更好的人，是非常值得推崇的生活态度；或者有的人潇洒一生，虽然开心却也因此失去了大把时间，但只要不抱怨生活就好，毕竟这是个人的选择。

就像赵洁，她日常生活中的时间几乎都用在了休闲娱乐上，她并没有意识到，这些时间完全可以用来做一些真正有意义的事情，并由此提升自己的生活品质，积累人生的财富。到头来，她除了向朋友哭诉生活状况，就是抱怨日子不好过。可是，朋友们对她提出建议，她又表现得非常不屑。久而久之，很少有人愿意抽出时间与赵洁聊天了，因为大家都知道时间的宝贵，谁都不会把宝贵的时间用在一个与自己无关的人身上。

说实话，曾经我也是一个没有时间观念的人，更别提善用时间，养成某种良好的生活习惯了。正是我那位多年不见的好友，向我讲述了莉莉安妮·贝当古的故事。这个故事给了我极大的触动，或许，我们终其一生都无法拥有这些商界精英那样多的财富。但是，他们利用时间创造人生财富的故事，却能够激励我们。

在这里，我真诚地建议各位朋友们，也制作一张 A4 纸表格，每过一个月，就在一个格子里打上一个勾。当我们看到自己全部的人生就在这张纸上，我们就会产生一个清晰的概念：自己的生命过去了多少？此生的时间余额还有多少？自己的人生是如何蹉跎的？划掉的每个格子为自己带来了什么？很多时候，我们觉得还有大把时间可以挥霍，无非是因为没有量化时间。

时间是一种非常宝贵的东西。如果我们利用得当，便会创造可观的人生财富。但如果我们挥霍无度，便会轻易地失去它。每个人都拥有时间，但并不是每个人都能够把时间化为财富。假如你希望自己划掉的每一个格子都能够化为自己的人生财富，那么就从当下开始，制订一个合理的时间计划吧。

短时间内获取财富，拼的是思维方法

某天完成工作任务后，我伸了个懒腰，冲了一杯速溶咖啡，准备登录个人的社交平台账号，与读者朋友们互动一番。

有位朋友的提问着实让我眼前一亮。这位朋友问的是，如何能够在短时间内获取财富？因为他急于改变自己的生活困境。

如果在几年前，我可能会觉得这样的问题很可笑。其实短时间内获取财富绝非痴人说梦，但这也有前提，就是要具备超前的思维方法。

近些年来，出现了"时间投资"这样一个新概念。它指的是要将有限的时间投入能够产生真正价值的人和物上。

举个例子来说吧。大学刚毕业的崔平回到老家，由于工作还没有着落，所以他过上了每天打游戏、看电影、与朋友闲逛的潇洒日子。每天除了上网看搞笑段子，就是在自己的房间里闷头大睡。时间一天天过去，他既没有创造价值，也没有通过诸如学习某种技能等方式进行自我投资。于他而言，这些被他用掉的时间，产生的财富值就是 0。

某一天，崔平意识到自己的行为对于个体生命而言是一种时间上的浪费。他开始发愤图强，一边投简历找工作，一边报课程，学习视频制作、文案创作等技能。他投入了时间和金钱，虽然短期内没有看到什么回报，但这些学到手的知识和技能，都成了一种无形的资产。

3个月后，崔平来到城里的某家广告公司上班。由于在之前的几个月，他体验到了学习的乐趣，更尝到了知识技能给自己工作上带来的便利，所以他决定每天下班后抽出两个小时读书。最初的几天，他还有些不适应，所以两个小时的利用率并不算高。

当崔平有意识地进行时间规划，并且培养起自律性之后，他在两个小时里可以持续阅读，状态不错的时候，两个小时就读完一本游记。反观其他同事，下班之后有些忙于社交，有些宅在家中打游戏。这种习惯坚持两三年，崔平不仅积累了大量文化知识，而且下笔如有神助，成了一名金牌文案。崔平用来读书学习的这些时间，为他带来了富有意义的生活，而且还提升了他的业务能力，因而，他投入的这些时间，就属于"时间投资"中能够产生真正价值的时间。

如果我们希望能够在短时间内获取财富，就应该坚持这样的原则——在投入时间去做某件事情之前先思考一下这件事情对于自己有哪些助益，如果无法给自己带来收获，或者收获过低，就果断放弃。毕竟，人生时间有限，你我耗费不起。

或许你会说："有些事情坚持下来确实对自己很有帮助，可是，它们并没有在短时间内给自己带来什么助益，那么还有必要坚持吗？"

对于这样的问题，我只想说，时间的长短是一个相对概念。比如说，对于我们这一生而言，三两年便是一个较短的时间。如果我们坚持某些对自己真正有助益的事情，不论三两年还是更长久，这样的时间投资都是值得的。

随着理财观念的日益深入，很多朋友开始自觉学习理财，并且对个人的资产进行合理配置，以期获得财富。但是，有些朋友却忘记了对时间进行科学的投资也可以创造财富，进而提升自己的生命品质。

伟大的科学家爱因斯坦这样说过："一切与生俱来的赠品中，时间最为宝贵。"时间是宝贵的，对于每个人而言，时间非常公平。不论我们富裕还是贫穷，我们每天的时间都是一样的，24个小时之于我们每个人不会多也不会少。时间最是仁慈，从来不会因为我们的出身而厚此薄彼。但同时，时间也最是残酷，因为时间会淘汰那些不珍惜它，以及不会规划、利用它的人。

有些人的时间价值很高，因为他们的每一分钟都能够创造出财富，或者为社会带来重要的影响；而有些人的时间价值很低，因为即便给他们再多的时间，也很难有效地利用起来，更遑论把时间变现为财富，为社会带来贡献。

有些人懂得如何理财，却因为疏于时间管理，终究没有积累多少财富。在我身边有太多这样的例子了，这些人会因为丢了几百元钱而生气烦恼，但如果白白耗费了两个小时的时间，他们却不会着急。大概是因为，在他们的观念中，人生漫漫，两个小时又算什么？

但是，如果每天都浪费两个小时，日积月累，这浪费掉的时间就相当惊人了。你轻轻松松浪费掉了大好光阴，而别人却争分夺秒地充实自我、创造价值。当你发现从同一起跑线上出发，可别人已经超过了你一大截时，你就会产生无数自我怀疑，以至于对人生怀有怨言：凭什么别人比我过得好？凭什么别人在较短的时间里，就获得了成倍的财富？

这么显而易见的问题，还需要有什么疑问吗？当一个人既能珍惜时间、善于利用时间，又具有较为超前的思维方法，他当然会拥有更为广阔的发展前景以及更加美好的人生。

在我身边就有很多这样的朋友，他们争取让自己的每一分钟都值钱，让自己付出的每一滴汗水都能带来持续的收获，比如青岛姑娘小齐。

初识小齐，是2017年的春季，草长莺飞时节的江南，令人心生欢喜。在见面之前，我就与小齐神交已久。我知道她在大三上学期去台湾做交换生，也知道她利用业余时间撰写了大量游记随笔，还有出版个人散文作品集的计划。见面之后，几句寒暄，小齐拿出她的时间手账对我说，她已经把下个季度要做的三件大事规划妥当，分别是学习制作PPT、学习剪辑短视频以及学习文案写作。

看起来，这三件事情分属于不同领域，但这几项技能学到手之后，那可以说是相当厉害了。尤其是对于小齐这种一边读研、一边做自媒体的人来说，如果这几项技能学好了，那绝对稳赚不亏。

正是考虑到这一点，小齐才打算同时学习这三个领域的内容。瞧瞧，人家懂规划的人，即便规划学习也是要打一套"组合拳"。

不过，我有些疑问，小齐读研的时候学习压力比较重，她还要抽出时间做自媒体，怎么会还有那么多精力去学习其他的知识呢？小齐说："每个人的时间都有限，这确实不假，但我们可以通过一些方法，让自己的时间增加。"

小齐告诉我，她增加个人时间的方法非常简单，这个思路也没有什么难度，那就是以付费的方式请人帮自己完成一些事情，比如说，她请了一位同学帮助她处理自媒体运营过程中的一些事情，至于报酬，那完全可以协商处理。

等真正开始学习 PPT 制作时，小齐并不满足于"等学习完成之后，再去接单操作"这样的模式，而是边学习边实操，因为这样不仅能够节约时间，还能让自己尽快熟悉学习的内容。等到课程结束之后，小齐已经能够熟练运用最为基本的 PPT 制作技巧了。又因为她已经积累了一些经验，并且最初与人合作时，报价也比较低，所以小齐是这些学员中最先通过学习而变现的那个，在较短的时间里就赚回了报学习班所需的费用。

小齐还说，做事别贪多，做人别贪心。我认为，在时间管理层面而言，这确实是一个非常棒的思维方法。

根据自己的实际情况，小齐在下个季度只报了 3 个学习班，而她的同学则有人报了五六个学习班。当然，如果能够保质保量地学习，那么也无可厚非。关键是，一旦做事贪多，人们投入在每件事情上的注意力就会有差异，这样一来，就难以保证做事的效率和效果。如果效率不高，效果很差，那么岂不是浪费了时间？更何谈创造财富？

很多人有这样一个思维误区：创造了多少财富与耗费了多少时间成正比。其实并非如此。有些人忙忙碌碌，并没有做出什么真正产生效益的事情或者产生的效益极低。这时候，虽然这些人花费了时间，但也不曾创造财富，因而他们的时间价值很低。

小齐说，她之前也陷入过这样的思维误区。她觉得自己一天到晚都很忙，凭什么是收益最低的那个。之后，她通过自行学习和自我反思，总结出了这样一条经验：一定要对自己做某件事所需要的时间进行估值，如果投入时间过多而收益极低，那么果断放弃。

小齐的这些经验教训，对我们同样具备警醒的作用。在一两天之内就能够积累财富，这并非不可能，只不过这也只是美丽的泡沫，一戳就破。虽然我们此生韶光短暂、时间有限，但也应该远离这种一夜暴富的美梦。通过科学的方法以及合理的规划，我们在短时间内积累一定量的财富是没有问题的。可问题就在于，很多朋友只注意到了"短时间"，却忘记了时间的长短也只是一个相对的概念。更重要的问题是，要成为一个致富达人也是需要时间积累的，而这也意味着我们不仅需要具备正确的思维方式，更要给自己留出足够的时间。

后记

在这个飞速发展的社会中，我们的生活节奏越来越快，手头的事情也越来越多，感觉每一天都非常忙，每一分钟都不得停歇。不论是生活还是工作、学习，都令我们疲倦万分；但同时，我们又忽略了时间的重要性以及它对于人生的重要意义。

记得很偶然的一天，看到央视在播放《A4纸上看人生》的短片。就是这条时长两分钟的视频短片，火爆整个网络。短片中说，按照75岁的平均寿命计算，我们这一生不过900个月；如果用一张A4纸画一个30×30的表格，那么我们这看似漫长的一生不过是一张薄薄的A4纸。每过完一个月，我们就涂掉一个格子，这一辈子便跃然纸上。

我像其他朋友一样，在看完视频之后，也画出了自己的人生格子，并且拍图发布在自己的社交平台上。每当自己心生怠惰或者做事拖延的时候，我就会拿出这张A4纸，看着上面那划掉的一个个小方格，真切地感受到"岁月如梭"。

还有一些朋友，打印出来一张放大的表格，在每一个小格子里都写上这一个月做了什么。待闲时拿出来一看，自己这半生的人生轨迹便分外清晰。

我们这一生中最重要的几个方面，无非是如何高质量地生活、如何高效率地工作、如何经营好爱情婚姻，以及怎么做才能积累起财富，而这财富又包括了物质财富和精神财富。细细算来，人生中要做的事情实在太多，而我们的时间却又如此有限。既然如此，我们就更不能虚度光阴、空耗时间了。

古人云，"一寸光阴一寸金，寸金难买寸光阴"，说明时间的价值无可估量。反观现代人，往往认为人生中可供自己支配的时间还有很多，但只有那些真正善于使用时间的人，才能够得到充足的时间。而且，这种会用时间的人，往往对自己的人生有一种主动权，所以他们活得充实快乐，幸福指数也相对较高。

当然，也有很多朋友抱怨自己的时间不够用，并因此而焦虑不安。其实，这只是因为我们缺少正确的时间观念和科学的时间管理方法。如果我们掌握了科学合理的方法，并积极地应用到现实生活中，那么我们就不会带着一颗焦灼之心，面对人生中余下的时间。

时间很残忍，去了就不回。但我们可以与时间做朋友，因为，它永远只对那些尊重时间、珍惜时间、合理使用时间的人怀有无限的慈悲。罗曼•罗兰说过："不要为过去的时间叹息，在人生的道路上，最好的办法是向前看，不要回头。"如果你也像我一样，曾经毫无时间观念，那么从当下收拾心念，珍惜时间，与时间携手共进，去创造崭新而美好的人生吧。

自律打卡表

满意度：○ ○ ○ ○ ○

MONTH		第一周							第二周							第三周							第四周								备注 （remarks）
目标 （things to do）	星期																														
	日期	01	02	03	04	05	06	07	08	09	10	11	12	13	14	15	16	17	18	19	20	21	22	23	24	25	26	27	28	29	30	31	

备忘录：

自律打卡表

MONTH	星期	第一周							第二周							第三周							第四周							满意度：○ ○ ○ ○ ○ ○
目标 (things to do)	日期	01	02	03	04	05	06	07	08	09	10	11	12	13	14	15	16	17	18	19	20	21	22	23	24	25	26	27	28	29 30 31	备注 (remarks)

备忘录：

自律打卡表

MONTH		第一周							第二周							第三周							第四周									满意度：○ ○ ○ ○ ○	
目标 (things to do)	星期 日期	01	02	03	04	05	06	07	08	09	10	11	12	13	14	15	16	17	18	19	20	21	22	23	24	25	26	27	28	29	30	31	备注 (remarks)

备忘录：

自律打卡表

MONTH		满意度：〇〇〇〇

目标 （things to do）	星期			第一周							第二周							第三周							第四周								备注 （remarks）
	日期	01	02	03	04	05	06	07	08	09	10	11	12	13	14	15	16	17	18	19	20	21	22	23	24	25	26	27	28	29	30	31	

备忘录：

自律打卡表

MONTH

满意度：○ ○ ○ ○ ○

目标 (things to do)	星期 日期	第一周 01 02 03 04 05 06 07	第二周 08 09 10 11 12 13 14	第三周 15 16 17 18 19 20 21	第四周 22 23 24 25 26 27 28	29 30 31	备注 (remarks)

备忘录：

自律打卡表

满意度：○ ○ ○ ○ ○

MONTH	星期	第一周							第二周							第三周							第四周										满意度
目 标 (things to do)	日期	01	02	03	04	05	06	07	08	09	10	11	12	13	14	15	16	17	18	19	20	21	22	23	24	25	26	27	28	29	30	31	备 注 (remarks)

备忘录：

235

自律打卡表

满意度：○ ○ ○ ○ ○

MONTH		第一周							第二周							第三周							第四周								备注
目标 (things to do)	星期 日期	01	02	03	04	05	06	07	08	09	10	11	12	13	14	15	16	17	18	19	20	21	22	23	24	25	26	27	28	29	30	31	(remarks)

备忘录：

自律打卡表

MONTH

满意度：○ ○ ○ ○ ○

目标 (things to do)	星期																																备注 (remarks)
	日期	01	02	03	04	05	06	07	08	09	10	11	12	13	14	15	16	17	18	19	20	21	22	23	24	25	26	27	28	29	30	31	
	第一周							第二周							第三周							第四周											

备忘录：

237

自律打卡表

日签

满意度：○ ○ ○ ○ ○

MONTH		第一周							第二周							第三周							第四周								备 注 (remarks)
目标 (things to do)	星期																															
	日期	01	02	03	04	05	06	07	08	09	10	11	12	13	14	15	16	17	18	19	20	21	22	23	24	25	26	27	28	29	30	31

备忘录：

238

自律打卡表

MONTH		第一周		第二周		第三周		第四周		满意度：○ ○ ○ ○ ○
目标 (things to do)	星期									备注 (remarks)
	日期	01 02 03 04 05 06 07	08 09 10 11 12 13 14	15 16 17 18 19 20 21	22 23 24 25 26 27 28	29 30 31	

备忘录：

自律打卡表

MONTH		第一周							第二周							第三周							第四周										满意度：○ ○ ○ ○ ○
目 标 （things to do）	星期																																备 注 （remarks）
	日期	01	02	03	04	05	06	07	08	09	10	11	12	13	14	15	16	17	18	19	20	21	22	23	24	25	26	27	28	29	30	31	

备忘录：

自律打卡表

MONTH		满意度：○ ○ ○ ○ ○ ○

目标 (things to do)	星期	第一周		第二周		第三周		第四周		备注 (remarks)
	日期	01 02 03 04 05 06 07	08 09 10 11 12 13 14	15 16 17 18 19 20 21	22 23 24 25 26 27 28	29 30 31				

备忘录：

自律打卡表

MONTH		第一周							第二周							第三周							第四周								满意度：○ ○ ○ ○ ○	
目 标 (things to do)	星期																															备 注 (remarks)
	日期	01	02	03	04	05	06	07	08	09	10	11	12	13	14	15	16	17	18	19	20	21	22	23	24	25	26	27	28	29	30	31	

备忘录：

自律打卡表

MONTH	星期		第一周							第二周							第三周							第四周							满意度： ○ ○ ○ ○ ○ ○	
目 标 (things to do)	日期	01	02	03	04	05	06	07	08	09	10	11	12	13	14	15	16	17	18	19	20	21	22	23	24	25	26	27	28	29 30 31	备 注 (remarks)

备忘录：

自律打卡表

打卡

满意度：○ ○ ○ ○ ○ ○ ○ ○

MONTH		第一周	第二周	第三周	第四周	备注
目 标（things to do）	星期					
	日期	01 02 03 04 05 06 07	08 09 10 11 12 13 14	15 16 17 18 19 20 21	22 23 24 25 26 27 28 29 30 31	（remarks）

备忘录：